LES TROIS DISCOURS

DE M. POUYER-QUERTIER

SUR

LA QUESTION DES SUCRES

PRONONCÉS

**Dans les séances des 26 et 27 février 1874
à l'Assemblée nationale**

AVEC

ANNOTATIONS ET RECTIFICATIONS

EN REGARD

PAR M. CLERC

RAFFINEUR ET FABRICANT DE SUCRE

DÉSIGNÉ NOMINALEMENT PAR M. POUYER-QUERTIER.

PARIS

IMPRIMERIE CENTRALE DES CHEMINS DE FER

A. CHAIX ET Cie

RUE BERGÈRE, 20, PRÈS DU BOULEVARD MONTMARTRE.

1874

1536.

LES TROIS DISCOURS

DE M. POUYER-QUERTIER

SUR

LA QUESTION DES SUCRES

PRONONCÉS

Dans les séances des 26 et 27 février 1874
à l'Assemblée nationale

AVEC

ANNOTATIONS ET RECTIFICATIONS

EN REGARD

PAR C. CLERC

RAFFINEUR ET FABRICANT DE SUCRE DÉSIGNÉ NOMINALEMENT PAR M. POUYER-QUERTIER.

MESSIEURS LES DÉPUTÉS,

La raffinerie française, a été attaquée devant vous avec une violence inouïe. On vous a textuellement représenté les raffineurs comme un groupe de vingt-cinq potentats palpant, en se les partageant, vingt millions de primes, aux dépens du Trésor public.

Vous ne pouvions, sur le terrain où on a placé le débat, être défendus que par un des nôtres ; malheureusement nous n'avions pas de représentants parmi vous, et si la question a pu être traitée par le Gouvernement à un point de vue général et international, les attaques personnelles n'ont pas été relevées et ne pouvaient pas l'être.

1874

En outre, j'ai été désigné nominalement par M. Pouyer-Quertier, à propos d'une pièce émanant de moi, qu'il vous a présentée à un point de vue inexact et en la faisant précéder d'insinuations contre lesquelles je proteste.

J'ai donc doublement le droit de lui répondre ; malheureusement la question est ardue ; vous en êtes fatigués, et la parole m'est interdite.

J'ai donc dû me contenter d'un examen écrit où j'ai vérifié et discuté un à un les arguments et les chiffres de M. Pouyer-Quertier. Je ne qualifierai pas le résultat auquel je suis arrivé ; je laisse ce soin à ceux qui auront la patience de me lire. Je signalerai seulement entre *bien d'autres* points :

1° La manière dont M. Pouyer-Quertier établit ses statistiques (page   ) ;

2° La manière dont il vous a lu des documents diplomatiques que vous n'aviez pas entre les mains (page   ) ;

3° La manière dont il vous a présenté, en citant des noms propres, les études faites au Ministère du Commerce sur l'analyse appliquée à la correction des types (page   ).

Peut-être, après avoir parcouru ces trois passages, éprouverez-vous un certain désir de vous éclairer sur le reste. Je le souhaite vivement.

Je fais surtout appel à votre impartialité pour examiner, dans un esprit de justice, les explications que je vous donne en grand détail et avec pièces à l'appui (page   , note D), sur les fraudes qui peuvent se commettre et sur la question de savoir qui les commet et qui en profite.

Je n'ai pas à rechercher les motifs qui peuvent nous valoir des attaques de ce genre ; je me suis borné à contrôler minutieusement les assertions et les chiffres au moyen desquels elles se produisent.

Malgré la rapidité avec laquelle j'ai opéré, je crois avoir été scrupuleusement exact dans mes citations et mes affirmations ; dans tous les cas, je suis sûr d'avoir été absolument de bonne foi ; dans le cas contraire, je ne me dissimule pas que, n'ayant pas pour excuse l'improvisation et les entraînements de la tribune, une erreur qui ne serait pas évidemment involontaire et que je vous présenterais par écrit, mériterait la qualification la plus sévère ; c'est avec le sentiment de cette responsabilité que j'ai fait et que je vous présente avec confiance le travail qui suit.

Veuillez agréer, Messieurs les Députés, l'expression de mes sentiments respectueux.

Camile CLERC.

Raffineur de sucre au Havre,
Fabricant de sucre à Roost-Warendin (Nord)
et à Frais-Marais (Nord)
Négociant exportateur de sucre, à Paris,
22, Chaussée-d'Antin.

DISCOURS DE M. POUYER-QUERTIER

PREMIER DISCOURS

Messieurs, vous venez d'entendre les explications de la commission du budget sur l'amendement que j'ai eu l'honneur de vous présenter.

Cette question doit paraître bien complexe à l'Assemblée, car je doute que beaucoup de mes collègues aient pu saisir l'ensemble des considérations que leur a présentées M. le rapporteur de la commission du budget.

Cependant, je viens demander à l'Assemblée quelques instants de bienveillante attention pour éclaircir d'une manière nette et précise les points qui ont été touchés par mon honorable ami et collègue, M. Benoist-d'Asy, avec qui je suis en complet désaccord sur tous les points. (Rires.)

Si je ne m'abuse, je puis offrir à l'Assemblée un moyen d'éviter un impôt juste, inégal, un impôt de capitation que je déteste : l'impôt du sel, en même temps qu'une augmentation de l'impôt du sucre qui, suivant moi, serait une chose fâcheuse dans la situation si triste de cette industrie agricole; je crois pouvoir apporter au Trésor 20 millions bien vivants que je ne laisserai certainement pas enterrer sans les défendre. (Nouveaux rires.)

OBSERVATIONS DE M. CLERC

C'est ce qu'il s'agit de prouver.

Messieurs, il est très-facile de laisser dire par les intéressés : « Oui il y a des excédants, mais ces excédants sont peu importants, ils ne peuvent guère représenter que trois, quatre millions, peut être cinq tout au plus. » Aucun des raffineurs entendus par la commission du budget n'a admis un chiffre plus élevé,

mais tous se sont empressés d'ajouter qu'il serait extrêmement difficile, sinon impossible de faire rentrer ces trois, ou quatre, ou cinq millions dans les caisses du Trésor.

Je ne crois même pas qu'aucun ait admis un chiffre aussi élevé. Pour moi, je n'ai jamais parlé que de deux à trois pour cent au plus, sur les sucres bas indigènes *seulement*. Or les deux classes formant ensemble, en 1873, environ 106 millions de kilogrammes (1), il y aurait au plus 3,200,000 kilogrammes d'excédants *en tout*, correspondant à environ 2,250,000 francs. Nous reviendrons d'une manière précise sur ces excédants.

Nous n'avons jamais dit cela ; d'abord nous avons dit à satiété, à tout le monde, et je l'ai répété, il n'y a pas huit jours, à la Commission du budget, qu'il suffirait de relever, d'accord avec les autres puissances contractantes, les rendements des classes suspectes.

Ensuite, nous avons signalé la correction, par l'analyse chimique, du classement des sucres anormaux qui se trahissent par un aspect absolument différent de celui des types. Cette correction a fait l'objet d'un amendement présenté au nom des Chambres de commerce des ports (2). Nous reviendrons plus loin et plus en détail, avec M. Pouyer-Quertier lui-même, sur cette question de l'analyse, que je signale comme *très-importante*.

Enfin, nous n'avons cessé de signaler (3) les abus de la classe au-dessous de 7, en ce qui concerne les sucres indigènes seulement, abus criants quoique fort limités en quantités, puisqu'en 1873, il s'en est employé seulement 6,800,000 kilogrammes, soit à peine 3 1/2

(1) Voir les tableaux officiels, *Journal officiel* du 13 janvier 1874.
(2) Voir aux pièces justificatives, page   , lettre A.
(3) Voir : Compte rendu imprimé du congrès sucrier de Bruxelles, en 1872, page 45.
Enquête de 1872, devant le Conseil supérieur du Commerce, pages 214, 214, 325, tome 1ᵉʳ.

Eh bien, je réponds à Messieurs les raffineurs, qu'il s'agit non pas de quatre ou cinq millions, mais bien de dix-huit et même de vingt à vingt-cinq millions.

Vous le savez, Messieurs, les abus sont très tenaces, très difficiles à déraciner. En voici un que je vous signale, que je vous fait toucher du doigt ; il faut savoir, enfin, combien de temps encore il durera, privant le Trésor d'une ressource qui lui appartient, et empêchant le Ministre des Finances de recueillir ce qu'il a le droit d'encaisser. (Très-bien ! Très-bien.)

Cet abus date de 1864. A cette époque, une convention a été conclue entre quatre puissances, la France, l'Angleterre, la Hollande et la Belgique dans le but d'empêcher que, par les excédants qui sont des primes pour chacun des pays qui en profitent, on vint faire concurrence aux autres pays qui n'en profitent pas.

Ainsi, pendant que l'Angleterre, qui ne paie qu'un droit de 7 fr. 40 c. par 100 kilogr., la Belgique 51 francs, la Hollande 47 francs, nos consommateurs français sont obligés, aujourd'hui, de payer 73 fr. 30 c. par 1,000 kilogr. de sucre raffiné ; il en résulte que, toutes les fois qu'il y a excédant d'un kilogr. sur 100 kilogrammes, le raffineur anglais gagne 07 centimes, le belge 61 centimes, le hollandais 47 centimes, le français 73c.030 et même 76c.023 depuis votre impôt de 4 0/0 du 31 décembre 1873.

pour cent des quantités totales exportées (4). Et nous avons formellement demandé la suppression de cette classe, *pour le sucre de betteraves* (5).

Ici soyons attentifs.

Le chiffre relatif à la Hollande est très-important parce que la Hollande est notre principal concurrent, Or, pour son argumentation,
M. Pouyer-Quertier a besoin que ce chiffre *soit petit*. Aussi, il le met

---

(4) *Journal officiel* du 13 janvier 1873.
(5) Compte rendu oficiel des Conférences internationales de 1873, page 72.

Et si cet excédant, au lieu d'être seulement de 1 0/0, est de 6, de 8 ou de 10 0/0, il faut multiplier par 6, par 8, par 10 ce que le raffineur gagne sur un kilogramme raffiné dans chaque pays par le nombre de kilogrammes en excédant. Ainsi. un excédant de 10 kilogrammes fait gagner au raffineur français 7 fr. 30 c. sur 100 kilogrammes de sucre, tandis que l'anglais ne bénéficiera que de 70c.040.

Dès lors, vous comprenez que le but de la convention de 1864 est complétement manqué,

En 1864 et 1865, les expériences faites à Cologne ont donné certains résultats qui pouvaient être exacts à cette époque; mais, depuis lors, il me semble que toutes les industries du monde entier ont progressé et que l'industrie sucrière n'est pas restée en arrière. Ce qui, en 1865, était regardé comme un produit de laboratoire, comme une chose impossible à obtenir, sinon par des procédés difficiles et coûteux, est devenu aisé et d'une fabrication générale. Ce progrès a eu cette conséquence que, plus les droits ont augmenté, — et notre malheureux pays a été obligé de les élever plus haut que toutes les autres

tranquillement et deux fois de suite à 47 francs, tandis qu'il est de 57 francs (chiffre exact 57 francs 24) (1).

Par contre, il a besoin que le chiffre de la France soit *gros ;* aussi prend-il avec raison celui de 76 francs 23, appliqué à l'importation des pays contractants. (*Voir le Tome II de l'enquête de 1872, page 94, Tarif conventionnel, et y ajouter les 4 pour cent récemment votés.) (Voir aussi plus bas, lettre C.*)

On verra plus loin (*Vérifier le fait, page , lettre*) qu'ayant besoin pour une autre partie de son argumentation, d'un chiffre plus petit pour la France, M. Pouyer-Quertier remplace sans explications et sans hésitation le chiffre de 76 francs 23 par celui de 70 francs.

Ceci est un calcul de proportion très-exact, mais le *si'* qui le commence lui enlève toute portée jusqu'à preuve substituant un fait à cette hypothèse.

(1) Tome II de l'enquête de 1872, page 101.

nations, — plus il y a eu d'avantage à créer des excédants. Aussi, depuis dix ans, les efforts des fabricants ont-ils tendu à produire des sucres donnant le plus d'excédant possible, car la base n'a pas varié; elle avait été fixée à Cologne, et c'est sur cette base qu'on payait et qu'on paie encore l'impôt.

On pouvait faire un sucre donnant, une fois raffiné, 81, 82, 83, 84 ou 85 kilogrammes pour 100; mais on ne payait toujours que sur 80 kilogrammes, et, pour le surplus au-delà de 80 kilogrammes, pour la classe des 7/9, on échappait au droit, qui est aujourd'hui supérieur à la valeur du produit; car le sucre vaut 62, 65, 67 francs, et le droit est de 76 fr. 23 c. sur les raffinés.

On a donc travaillé de plus en plus à obtenir les sucres qui donnent des excédants. Cela était tout naturel; il ne faut pas s'en étonner, et on n'a pas le droit de s'en plaindre, quand on se contente, comme nous, de faire une loi si facile à éluder. L'industrie sucrière a tout fait pour créer des excédants, et elle y a réussi.

Les raffineurs prétendaient, en 1865, comme aujourd'hui, que les sucres dépassant 80 0/0 de rendement étaient des produits de laboratoire; mais il a bien fallu, enfin, reconnaître que, précisément, les sucres qui donnent les plus grands excédants sont entrés dans la production pour des chiffres énormes.

Cette argumentation est vraie ; la convention de 1874, à son expiration, devra tenir compte des faits et des progrès accomplis, et, par exemple, certains rendements devront être relevés dans une certaine mesure, d'accord avec les autres puissances ; c'est notre avis, nous l'avons dit, nous le disons, et nous le redirons.

Remarquons qu'ici encore, M. Pouyer-Quertier répète ce chiffre de 76 francs 23 (*Voir page 7, lettre A*) qui lui convient en ce moment tandis que plus loin (*Page   , lettre*) ce ne sera plus que 70, chiffre qu[i] lui conviendra alors.

Jamais nous n'avons dit que les sucres dépassant 80 pour 100 de rendement étaient des produits de laboratoire ; je ne puis répondre autre-

Ce qui se produisait par 20 millions de kilogrammes en 1868 et 1869, se chiffre aujourd'hui par 170 millions de kilogrammes, à cause des bénéfices énormes qu'ils procurent aux raffineurs par les excédants qu'ils donnent et qui restent indemnes de droit dans la consommation du pays, et, plus nous irons, plus on cherchera à faire des sucres qui ne payent le droit que dans la moindre proportion possible. Je le répète, c'est sur cette base que travaille aujourd'hui toute l'industrie

ment d'une manière directe, n'ayant aucune connaissance des documents où M. Pouyer-Quertier aurait puisé cette assertion. Le fait est que, dans chaque classe, les expériences de Cologne ont été faites sur des moyennes, et qu'il a toujours été entendu que, dans chaque classe, il y avait des sucres au-dessus du rendement légal, c'est-à-dire du rendement *moyen*.

Et, en effet, c'est le rendement moyen qui seul intéresse le Trésor ; s'il y a moitié de sucre à 74 et moitié à 86, le Trésor ne perd rien. S'il y a 2/3 à 86, et 1/3 à 74, la moyenne étaut 82, le Trésor perd 2 0/0 sur la classe, c'est évident.

Nous n'avons donc entendu parler que de la moyenne, et cela est tellement vrai que l'amendement des Chambres de commerce des ports (1) indiquait explicitement comme limite de chaque classe, le rendement de la classe supérieure, et que dans les conférences internationales de 1873, les délégués des quatre gouvernements avaient proposé comme une correction, et une *restriction* au texte de la convention d'admettre (1) :

> jusqu'à 78 la classe de 67,
> jusqu'à 84 la classe de 80,
> jusqu'à 92 la classe de 88.

Qu'on admette telle ou telle limite, peu nous importe, pourvu qu'elle soit la même pour tous les pays contractants. Tout ce que nous voulons prouver pour le moment, c'est que nous n'avons pas la pensée que nous prête M. Pouyer-Quertier, laquelle serait, en effet, insoutenable, en complet désaccord avec le sentiment des négociateurs des quatre pays contractants.

---

1) Voir pièce justificative A (page   .)
Compte rendu des conférences internationales de 1873, page 88.

de la raffinerie et de la fabrication du sucre, et c'est pour cela que vous avez des excédants si considérables qui n'acquittent aucun droit aujourd'hui. (Très-bien! très-bien!)

Voilà un exemple fort instructif de la manière dont M. Pouyer-Quertier établit ses chiffres. Il s'agit là de quantités absolument constatées dans des documents publics, et faciles à comprendre.

En 1869, voici le total des sucres bas des classes 7 et 7/9, constaté par le relevé des admissions temporaires de l'année (1).

SUCRES 7			SUCRES 7/9			TOTAL
1 Indigènes.	2 Coloniaux.	3 Étrangers.	4 Indigènes.	5 Coloniaux.	6 Étrangers.	
1,394,226	1,339,484	6,185,394	20,217,152	21,955	24,730,298	53,894,509

En 1873, voici le même total : (2),

SUCRES 7			SUCRES 7/9			TOTAL
1 Indigènes.	2 Coloniaux.	3 Étrangers.	4 Indigènes.	5 Coloniaux.	6 Étrangers.	
6,186,330	6,035,112	4,246,684	98,804,396	17,061,524	37,888,886	170,852,932

Ainsi au lieu de 20 contre 170, c'est 53,894,509 contre 170,852,932.

L'erreur est de 34 millions, toujours, *comme précédemment, dans le sens favorable* à l'argumentation de M. Pouyer-Quertier.

Veut-on savoir, maintenant, comment on peut *s'y prendre* pour *arriver* à de pareilles erreurs.

C'est bien simple :

Pour l'année qui *doit* être relativement excessivement *faible*, 1869, on prend *une seule* des six colonnes de sucre bas, par exemple la colonne 4, sucres indigènes 7/9, qui est de 20,217,152 (M. Pouyer-Quertier dit 20 millions).

---

(1) *Journal officiel* du 20 janvier 1870.
(2) *Journal officiel* du 13 janvier 1874.

Puis, pour l'année 1873, qui *doit* être relativement excessivement forte, on prend pour terme de comparaison la totalité des 6 *colonnes* de sucre bas et on arrive à 170,852,932 (M. Pouyer-Quertier dit 170 millions) ! !

L'honorable M. Pouyer-Quertier est évidemment incapable d'employer sciemment de pareils procédés pour donner du haut de la tribune des renseignements inexacts à ses collègues qui l'écoutent et le croient ; il est clair qu'il aura voulu comparer la colonne 4 (année 1869) et que, sans y penser, il aura machinalement additionné les 6 colonnes de l'année 1873. C'est un hasard malheureux.

Indépendamment de cette erreur énorme comme chiffre, nous signalons trois faits considérables qui n'ont point été dits à la Chambre et qui, en dehors de toute fraude, de tout abus, expliquent l'accroissement des sucres bas, dans des proportions considérables.

1° Les types de 1869, jugés altérés, lors de la conférence de la Haye ont été refaits en 1871 (1) *d'accord entre les* quatre *puissances* ; ces nouveaux types se sont trouvés plus élevés que les types *altérés* de 1869, d'où, sans fraude, sans abus. une grande quantité de sucre, qui aurait été 10/15 en 1869, a été classée à bon droit 7/9 en 1873.

2° Les sucres coloniaux, même bas, ne s'exportaient pas, ou presque pas en 1869, ayant une détaxe de 5 francs 0/0 k à *la consommation*. En 1873, la détaxe n'existe plus ; ils s'exportent comme les autres ; de ce chef, sans fraude, sans abus. une augmentation de *22 millions* dans les exportations provenant des sucres bas.

3° La production du sucre de betteraves, qui était de 230 millions en 1868-69 (2) s'est élevée à 430 millions en 1872-73 (3).

On ne tient nullement compte, on le voit, de ces trois éléments si importants de comparaison entre 1869 et 1873, et on attribue à la fraude et aux abus l'accroissement des sucres bas qui s'explique parfaitement sans tout cela ; nous reconnaissons du reste, que, en dehors de tout abus, et vu l'élévation du droit, les fabricants ont dû, pour le

---

(1) Enquête de 1872, Tome I, pages 48 et 49.
(2) *Journal officiel* du 23 septembre 1869.
(3) *Journal officeli* du 13 septembre 1873.

Messieurs, je ne veux pas revenir sur un discours que j'ai fait l'année dernière où j'ai condamné le saccharimètre et le système absurde des types; il faut pourtant que je vous dise encore un mot des nuances. Je vous ai expliqué ce que c'est. Je soutiens que les nuances sont toutes contestables. Parce que le sucre est noir, brun, blond ou blanc, cela ne veut pas dire qu'il est pauvre ou qu'il est riche. Cela était vrai autre=

sucres près des limites, chercher à les maintenir dans la classe immédiatement inférieure, et de ce chef, il peut y avoir un certain accroissement de rendement dans la classe des 7/9, cela peut contribuer à l'excédant de 2 à 3 0/0, chiffre que les personnes compétentes de l'administration paraissent adopter actuellement, mais qui n'existerait que pour les sucres indigènes bas, c'est-à-dire pour environ 106 millions de kilogrammes (page 5 lettre A). Nous préciserons plus tard ces excédants (voyez page 21 lettre B), mais nous ferons remarquer qu'ils existent absolument dans les mêmes proportions chez nos concurrents, notamment chez les Hollandais, qui exportent autant que nous avec une population dix fois moindre.

Nous préciserons aussi plus tard (page 19, lettre A) à qui *profitent les excédants*.

Un fait très-important et absolument contraire aux assertions de M. Pouyer-Quertier, c'est que la campagne *actuelle* de sucre indigène 1873-1874, qui devrait, d'après lui, indiquer un nouvel accroissement de sucre bas, présente, au contraire, une diminution.

On a fait (1) par rapport à la production totale :

1 0/0 de 7 contre 1 0/0 en 1872-73 ;

21 0/0 de 7/9 contre 23 0/0 en 1872-73,

Et en poids, 18 millons de moins de 7/9 0/0 pour une production totale, moindre seulement de 10 millions à la même date.

Ce fait seul est absolument rassurant contre les envahissements que veut faire craindre M. Pouyer-Quertier, et qu'il ne constate (en altérant, du reste, complétement les chiffres) qu'entre deux périodes qui présentent les causes naturelles et importantes d'accroissement signalées par nous.

_____

(1) Voir *Journal officiel* du 13 février 1874.

fois, au moment des expériences de Cologne, mais cela est radicalement faux en ce moment, car depuis cette époque qu'a-t-on fait? On a cherché à faire des sucres riches sur une nuance foncée parce que la nuance plus foncée fait passer le sucre dans une catégorie où le droit est moindre.

(A ce moment l'orateur tire de sa poche trois flacons de verre contenant des échantillons de sucre brut de différentes couleurs et les place sur le rebord de la tribune. Cette exhibition provoque dans l'Assemblée une hilarité générale et prolongée.)

Un Membre. — Voyons maintenant votre démonstration!

M. Pouyer-Quertier. — Messieurs, si la nuance signifiait quelque chose, je suis persuadé que l'Assemblée dirait, en voyant ces trois flacons. Voilà le sucre le plus riche, et voilà celui qui est le moins riche! Eh bien! Messieurs, c'est tout le contraire qui est la vérité! (Nouveaux rires.)

Celui-ci est clair et ne rend que 73 kilogr. pour 100 de sucre, et celui-ci qui est noir, rend 91 kilogr. pour 100. Il rend 91 kilogr. et il paye comme s'il rendait 80.

Ce sucre, je le connais, c'est un de mes voisins. (Rire général). On le fabrique aux environs de chez moi et je sais comment. Il paye l'impôt je le répète sur 80 kilogrammes tandis qu'il en produit 91, en réalité. Le raffineur qui l'achète recueille non pas seulement 81 kilogrammes, mais 91.

Eh bien! qu'en résulte-t-il? C'est qu'il y a 11 kilogrammes qui entrent dans la consommation sans payer de droits. C'est une économie de 8 fr. 37 c. de droit pour 100 kilogrammes.

Je n'ai rien à répondre à cette *exhibition* ; non-seulement ce ne serait qu'un cas particulier, mais encore après la *vérification* que je commence à peine à faire des chiffres de M. Pouyer-Quertier, je crois être en droit de demander :

1° A voir de près les deux flacons ;

On dira : C'est un sucre exceptionnel !

Je le veux bien : on en a fait dans telle fabrique environ 2,500,000 kilogrammes cette année et dans la fabrique voisine 3 millions de kilogrammes. Ce sont là, comme vous le voyez, de petites expériences de laboratoire qui se font dans de très-grande chaudières. (Nouvelle hilarité.)

Quant à l'excédant, il n'est contestable pour personne. Il est impossible que l'on vienne affirmer que la fabrication de tout le sucre indigène, de tout le sucre de betterave n'a pas été dirigée dans le but de s'exonérer le plus possible du poids de l'impôt. Cela est certain, et si le Gouvernement veut s'en rendre compte, il lui suffira d'envoyer des employés prêts à reconnaître la vérité dans nos fabriques de sucre : ils apprendront que, sans mélanger quoi que ce soit, mais par un travail fait très-loyalement, très-honnètement et qui consiste simplement à mettre beaucoup de feu sous la chaudière et à élever la vapeur à 120, 140, 150, 160 degrés dans cette chaudière, on obtient un sucre foncé au lieu d'un sucre plus blanc.

Or, la loi n'a pas dit qu'on ne ferait des sucres qu'avec 100, 120, 130 etc. degrés de chaleur. On peut fabriquer du blanc tout aussi économiquement que du brun ; seulement en les fabriquant, on sait qu'on ne paiera l'impôt que sur 80 kilog. au lieu de le payer sur 91.

Il y a là une large, mais très-large fissure, à travers laquelle passent les millions de l'État et qu'il faut absolument fermer. (Très-bien ! très-bien.)

2° A vérifier les analyses énoncées par M. Pouyer-Quertier ;

3° A savoir ce que diraient de ces deux flacons les agents de l'administration et les commissaires experts du Gouvernement.

Nous verrions ensuite.

Je mets publiquement M. Pouyer-Quertier *au défi* de prouver rien qui *approche* de ce qu'il dit là.

Il est parfaitement exact, qu'en dehors de toute coloration frauduleuse,

4

il existe certains tours de mains analogues à ceux que décrit M. Pouyer-Quertier, et par lesquels on arrive à *brunir* le sucre. Mais voici le revers de la médaille :

D'abord ces procédés ne peuvent s'employer sans que les agents des contributions indirectes, qui sont présents d'une manière continue, le sachent.

Ils ne doivent pas s'y opposer, mais, *s'ils font leur devoir*, ils doivent se considérer comme avertis, et examiner le sucre avec un soin particulier, avant de le classer comme sucre bas, comme 7|9, par exemple :

Or, pour les sucres très-riches, brunis en quelque sorte artificiellement (frauduleusement ou non) il y a invariablement un aspect particulier très-différent de celui des types, et qui permet de reconnaître ces sucres suspects.

On traite alors ces sucres comme un cas particulier, et l'analyse s'emploie comme contrôle et pour éclairer les experts.

On est d'autant mieux fondé à agir ainsi qu'il s'agit de sucres faits exprès pour tromper par leur couleur et que le type est un point de comparaison légal dont on ne saurait négliger aucun des éléments, qui ne comporte pas seulement le plus ou moins de coloration, mais un aspect *d'ensemble*.

Aussi, en somme. très-peu de fabricants *se risquent* à employer des procédés de ce genre, et très-peu, surtout, *réussissent* sans encombre; on peut dire en toute vérité que ces sucres ne sont absolument que des exceptions dangereuses pour ceux qui les produisent. On peut consulter à ce sujet les chefs de service du Ministère des finances.

Du reste, il ne faut pas perdre de vue qu'il se fait environ 100 à 110 millions de sucres bas, par lots de 100 sacs environ, soit dix à onze mille lots différents, et sur un chiffre pareil, l'exhibition plus ou moins véridique, de quelques échantillons choisis exprès ne prouverait rien.

Je reviendrai plus loin avec M. Pouyer-Quertier lui-même sur cette question de correction par l'analyse que je ne fais qu'indiquer ici.

Mais laissons un instant de côté le nombre des abus et les moyens d'y remédier.

On ameute, c'est le mot, l'opinion publique, et on excite l'indignation

Je sais bien que MM. les raffineurs ne partagent pas mon opinion et qu'ils ont toujours soutenu devant le Conseil supérieur et devant les représentants du Gouvernement, que les excédants dont on parlait étaient tout à fait fabuleux.

de l'Assemblée contre 25 à 30 raffineurs qui se partageraient une prime de 2 millions selon les uns, de 20 millions selon les autres. — Il est vraiment temps d'en finir avec cette confusion que nous avons déjà réussi à dissiper dans quelques esprits, mais qui subsiste toujours chez la masse.

Je demande :

1° Qui fait le sucre fraudé légalement ou non ?

Je réponds : le fabricant exclusivement.

2° Qui profite des excédants, et qui, par contre, supporte les manquants ?

Je réponds encore : le fabricant exclusivement.

Je prie instamment ceux qui voudraient être édifiés sur ce point d'étudier la note détaillée que j'ai dû renvoyer à la fin de ce travail (1) pour ne pas trop interrompre mes réponses directes à M. Pouyer-Quertier.

A ce sujet, je n'ai qu'une réponse à faire ; mes rendements de 1871 ont été vérifiés, sur ma demande par deux inspecteurs des finances.

Mes rendements de 1872 ont été remis par moi en 1873, à Messieurs les Ministres des finances et du commerce, et par mes lettres des 20 et 23 janvier 1873, je leur ai demandé vivement d'en faire faire la vérification.

Enfin, je demande instamment la vérification, chez moi et sur mes livres, de mon rendement de 1873.

Je n'affirme pas purement et simplement des faits, comme M. Pouyer-Quertier, je donne des *preuves* ; j'offre des vérifications *compromettantes* pour moi si je ne disais pas la pure vérité.

On verra que, comme je le dis plus haut, les excédants, ou sont nuls, ou peuvent atteindre, en moyenne, dans des circonstances peu

_____

(1) Note B (page   ).

Eh bien ! permettez-moi à ce propos, Messieurs, de vous rappeler un épisode.

Un jour, j'étais appelé aussi, — je l'ai été bien souvent malheureusement, devant une commission d'enquête. — Je reviendrai tout à l'heure à la question des sucres après vous avoir cité le fait que voici. Nous discutions, dans le sein de la commission d'enquête, sur la valeur d'une usine à coton; l'un prétendait qu'elle valait 25 francs la broche, et l'autre qu'elle coûtait 50 francs la broche. La discussion dura longtemps. Mais un des membres présents avait dans son carnet un procès-verbal de règlement d'incendie et, précisément l'usine de la personne qui prétendait qu'elle ne valait que 25 francs la broche, avait été réglée par l'assurance au prix de 52 francs la broche. (Très-bien ! très-bien ! On rit.) On en a conclu qu'entre les dépositions faites dans les commissions d'enquêtes et la réalité des choses il y avait une grande différence.

Maintenant, voici ce qui est arrivé pour les sucres. C'est un exemple entre autre que je vais citer, mais ce fait s'est produit dernièrement et il est très-démonstratif et très-plausible :

favorables à ma thèse, et, par conséquent, comme moyenne maxima, 2 à 3 0/0, sur la classe des 7/9 et 7 *indigènes*, soit 2,250,000 fr. en tout. (*Voyez page* 7).

Et comme je l'ai dit plus haut (*page 19, lettre A*), ces 2,250,000 fr. ne sont nullement partagés entre les raffineurs ; ils reviennent aux fabricants et constituent par le fait un petit *dégrèvement* à la consommation, que le Trésor peut récupérer en élevant légèrement le droit ou le rendement.

Que peut opposer à ces chiffres M. Pouyer-Quertier ? comment arrivera-t-il à ses millions ? Jusqu'ici nous n'en avons rien vu.

Cela ressemble beaucoup à quelqu'un qui, selon le cas et les besoins de sa cause, prendrait tantôt une colonne, tantôt six colonnes d'un document (*Voyez page 11, lettre B*), ou qui prendrait, toujours selon les besoins de sa cause, tantôt 70 fr., tantôt 76 fr. 23 pour désigner un même droit (*page 7, lettres A et C, page   lettre   *).

Une grande raffinerie de Paris brûle; elle contenait des sucres bruts, blancs etc., sous toutes les formes. Il se trouvait aussi dans cette raffinerie des 7/9, c'est le sucre dont je vous parle, Messieurs, c'est celui qui est entre mes mains; ce sucre 7/9 entre surtout dans les raffineries en grande quantité pour faire les sucres destinés à l'exportation, sous le passeport des admission temporaires. Or, les raffineurs ont toujours prétendu que les 7/9 ne rapportaient, ne représentaient que 80 à 81 kilog. pour 100 kilogs.

Nous disions : vous nous trompez, c'est 86, 88, 90, 91, 92 et même 93, mais, enfin, n'allons pas si loin; il y a tout au moins des 86, des 88 et 90 kilog., car vous les achetez sur la base de 88 degrés. Ils nous répliquait : Non, jamais !

Eh bien ! on fait l'expertise de la raffinerie parisienne et on trouve du sucre brut 7/9, 1,220 sacs dont le rendement moyen était de 86,182. Cela est signé par un raffineur bien connu, un homme très-distingué, M. Clerc; par M. Halphen et par M. de Poully, le chimiste chargé de faire l'expertise de la raffinerie brûlée.

Nous n'avons jamais dit un mot de cela ; nous avons toujours parlé de *moyennes* (*Voir page 9, lettre A*).

Nous n'avons jamais dit un mot de cela. (*Voir page 9, lettre A*). Je ferai remarquer en passant que de ce que j'achète, *base 88,* cela ne veut rien dire pour la richesse de ce qui me sera livré ; cela peut être aussi bien 70 que 90, de même, qu'à tant *le mètre*, je peux acheter un objet de 40 mètres ou de 10 centimètres. C'est élémentaire.

Le seul mérite de cette anecdote, c'est de venir après les deux fausses affirmations précédentes. On a l'air de me prendre en flagrant délit de contradiction avec moi-même, et l'effet est produit.

L'explication est toute simple : les 1,220 sacs *particuliers* qui se trouvaient, au moment de l'incendie, pour le travail de deux jours environ, titraient, d'après facture 86,182 ; c'est ce chiffre exact que j'ai pris, *d'accord avec l'expert* des assureurs ; dès le mois de mai, cette affaire était connue et expliquée à l'administration, à laquelle le document

5

Ce n'est pas tout. On nous dit encore : Quoi ! vous voulez savoir ce que produit le sucre dans les raffineries ! Mais c'est impossible ! Comment ! vous voulez faire l'inventaire d'une raffinerie ! Mais une raffinerie, c'est un monde ; c'est rempli de locaux, rempli de caisses, c'est rempli de chaudières, c'est rempli de tuyaux, c'est rempli d'une foule de vases que vous ne pouvez pas mesurer !

Eh bien ! nous leur répondons : Nous irons dans les caisses, dans les baches, dans les chaudières, nous irons dans les tuyaux (hilarité) et nous trouverons le sucre qu'ils contiennent.

Mais apparemment que ces messieurs n'ont pas besoin de notre assistance pour savoir parfaitement ce qui se passe dans les chaudières et dans les tuyaux, car voici encore un procès-verbal signé par les mêmes personnes. Je me crois autorisé à me servir d'un pareil document, puisqu'il a été remis aux compagnies d'assurances, lesquelles ont parfaitement payé 86 kil. aux raffineurs qui ont brûlé et non pas 80 pour le 7/9.

avait été dénoncé arrière de moi, et qui m'avait fait demander des renseignements à ce sujet (1).

Ainsi, c'est une vieille affaire déjà expliquée, connue et acceptée de l'Administration, qu'on est venu, huit mois plus tard, arrière de moi, produire devant l'Assemblée, à l'aide d'une pièce de comptabilité privée, et dans des termes qui devaient l'induire en erreur sur la véritable portée de ce document. J'ai du reste produit des factures de la même raffinerie et du même mois titrant seulement 75, ce qui rentre bien dans les *moyennes* de la classe 7/9.

Maintenant puisque M. Pouyer-Quertier établit, je ne sais quelle analogie entre une opération où il cite mon nom, et son enquête *des broches*, je vais aussi faire une comparaison, et je dirai que prétendre que tous les 7/9 titrent 86 parce qu'un lot particulier a présenté ce titrage, c'est comme si on prétendait qu'un homme est ivre tous les jours, parce qu'il boit quelquefois un coup de trop.

J'ajouterai que j'avais donné toutes ces explications à M. Pouyer-Quertier avant son discours.

De même que la raffinerie Halphen a parfaitement payé aux fabricants 6 de plus, à *l'acquitté*, que s'ils eussent été à 80.

---

(1) Voir ma lettre. du. 12 mai, à Monsieur le Secrétaire général du Commerce, pièce
page   .

Ainsi, selon ces messieurs, l'inventaire est impossible! Lisez
les pages 258, 259, 260 de l'Enquête du conseil supérieur de
1872 ; partout vous trouverez ces mots : C'est impossible !
M. Halphen dit : C'est impossible! M. Clerc, dit : C'est impossible ! M. Lebaudy dit : C'est impossible ! M. Say dit : C'est
impossible ! Eh bien, vous allez voir, messieurs. Voici comment
s'expriment messieurs les raffineurs, quand ils ne sont plus
raffineurs, mais experts.

« Nous avons entrepris l'examen des livres et factures, mais
surtout des livres de fabrique. Cette comptabilité, très-bien or-
ganisée, se compose d'une série de livres comprenant les
comptes séparés : des sucres bruts, de l'empli des greniers,
des étuves, des chambres et sorties, des bas produits, des
poudres en travail, des poudres fines, des mélasses.

» Ces livres indiquent l'entrée, la sortie et la balance jour-
nalière des sucres, dans chaque espèce d'atelier ou magasin,
de sorte que, chaque jour, on peut se rendre compte des sucres
dans l'usine et du degré de fabrication qu'ils ont atteint. »

Il ne nous en faut pas tant, nous n'avons pas besoin de faire
un inventaire chaque jour ; nous n'en demandons qu'un par
an. Mais, en vérité, devant des livres si bien tenus, qui nous
donnent l'assurance, et nous n'en doutions pas avant de les
avoir lus, que les raffineurs savent parfaitement, à chaque heure
du jour, ce qu'il y a dans leur fabrique, ce que tel sucre rend
ou ne rend pas, quel doute peut-il rester encore? Quant à
moi, je n'avais pas besoin de ces documents pour être édifié ;
mais quand il faut convaincre le pays et l'Assemblée il faut
bien que j'aille chercher des preuves chez mes adversaires eux-
mêmes. Eh ! bien en voilà une et elle est décisive.

Oui, l'inventaire est possible ; il est possible à toute heure
du jour, à chaque minute, dans une raffinerie comme dans
toute autre fabrique. Ce n'est pas moi qui le dis, je ne fais
que le répéter après les raffineurs. (Très-bien! Très-bien!)

Sans doute, nous aurons des employés qui surveilleront la sortie et l'entrée des produits, mais est-ce que nous n'aurons pas dans les raffineries, en même temps que l'inventaire du raffineur, celui de la régie, destiné à contrôler et fait sur la même base? Vous auriez ainsi un inventaire parfait et très-exact du rendemant sans les obstacles et les embarras prévus par les raffineurs. (Très bien! Très-bien!)

Prétendre que l'inventaire est impossible, c'est nier ce que les raffineurs écrivent eux-même, ce que tout le monde sait. Car il n'y a pas de raffineur qui ne vienne vous dire : J'ai acheté à tel prix le sucre, à 86, 88, 90, 92, 93 degrés. Il établit la série et le rendement à un centime près. Or, comment pourrait-il le faire, s'il lui était impossible de se rendre compte de la masse des sucres lancés dans ses appareils?

Non! dirons-nous à MM. les raffineurs, nous savons ce qui se trouve de sucre dans votre fabrique; nous le contrôlerons à la sortie, quand il sera parfait, qu'il n'aura plus rien à gagner ni plus rien à perdre; et le Trésor n'aura plus à subir tous ces déficits qu'il subit depuis plusieurs années, et vous nous rendrez tous les excédants qui ne vous appartiennent point, mais qui sont la propriété de l'État.

Je ne vais pas discuter ici la question de l'inventaire pas plus que M. Pouyer-Questier n'a pu le faire sérieusement à la tribune; il serait puéril de nier que c'est d'une immense difficulté; ce ne sont pas les raffineurs seuls qui le disent.

Je veux seulement dire qu'aux pages de l'enquête citées par M. Pouyer Quertier, je n'ai pas dit que ce fût impossible, mais que c'était très-difficile à faire sans liquider; or les raffineries libres ne liquident jamais. J'ai insisté ensuite sur la différence entre un inventaire qu'on fait pour soi et de bonne foi, avec un inventaire fait par un fraudeur qui aurait intérêt à contester les évaluations si variables que l'on peut faire des masses de sirops et produits divers en cours de raffinage.

Voici, entre autres, ce que je disais (page 256 de l'enquête):

« Ma thèse est celle-ci : Vous n'arriverez pas à faire un inventaire

En effet, messieurs, voilà six ans que nous luttons pour cette cause, et vous avouerez que nous y mettons de la persistance. (On rit..) Oui, six ans; il y en a trois que le Gouvernement, par l'organe de notre honorable collègue, M. Victor Lefranc, a saisi l'Assemblée d'un projet de loi sur la question. Ce projet de loi a été examiné par une commission; elle a fait un premier rapport, puis un second rapport, et elle a demandé l'exercice. Eh bien, tout cela est resté sans résultat; on n'a jamais discuté la question, on s'est défendu avec énergie et on a toujours trouvé moyen d'empêcher toute solution sur cette grosse question. Je dis grosse question. En effet, il s'agit d'un intérêt considérable

» d'où il résulte que s'il y a cent mille francs de droits à payer vous
» puissiez me les réclamer. »

Cette difficulté a été précisément signalée et discutée, entre autres,
pages 9, 10, 43, 45 et 46 du Compte rendu des conférences internationales de 1873 ; on la trouvera du reste reproduite à chaque pas dans
toutes les enquêtes, et quand on pense que c'est un des points les plus
controversés parmi les gens spéciaux et désintéressés dans la question,
on peut être étonné de la légèreté avec laquelle M. Pouyer-Quertier le
traite, et inquiet des autres difficultés dont il ne se donne pas la peine
de parler.

L'inventaire de la raffinerie parisienne étant fait de *bonne foi* et par
deux experts désintéressés, ne pouvait donner lieu à aucune discussion
et cependant son *exactitude absolue* n'est rien moins que prouvée, quand
on pense qu'il a fallu évaluer 4 millions de produits divers, sirops,
sucre *sur les planchers*. On peut juger ce que pourrait donner un
pareil inventaire entre deux personnes dont l'une aurait intérêt personnel et de mauvaise foi à pousser les évaluations dans un sens ou dans
l'autre, et dans des raffineries plus de deux fois plus grandes que la
raffinerie Parisienne.

C'est un point du reste qui ne peut qu'être indiqué ici; j'ajouterai
seulement qu'il est peut-être sans exemple qu'on ait fait un inventaire
sérieux, servant de base à une perception ou à une correction de perception, sans qu'on ait liquidé les établissements, fabriques, ou fabriques raffineries.

·

---

(1) Voir pièces justificatives (page).
(1) Voir ma lettre du 12 mai à M. le secrétaire général du Ministre du commerce, pièce C
page   .

pour le Trésor, c'est-à-dire de 20 à 25 millions qui lui échappent aujourd'hui.

En vérité, messieurs, nous ne pouvons pas laisser plus longtemps les choses dans cette situation; nous ne pouvons tolérer plus longtemps un pareil abus. Non, messieurs les raffineurs, la convention de 1864 ne vous autorise pas à faire la fraude légale. Vous n'avez pas le droit de dire : Voici du sucre de telle nuance, il est coté à 80 kilogrammes, et je vais vous payer sur le taux de 80 kilogrammes quand il vous donne 86, 88 ou 91 kilogrammes. Non, non, ce n'est pas 80 kilogrammes, c'est 91 kilogrammes qui sont entrés dans votre fabrique, et vous devez payer sur 91 kilogrammes.

Pour assurer ce résultat, le moyen est bien simple. Il suffira de mettre à la porte de sortie d'une fabrique deux employés qui, avec une bascule, pèsent tous les sucres raffinés à mesure qu'ils sortent. Ce n'est certes pas là un procédé bien compliqué. Vous pesez le sucre raffiné, vous appliquez le droit de 76 fr. par 100 kilogrammes, et tout est fini, et vous supprimez ainsi l'admission temporaire, les acquits-à-caution, les excédants de rendement, les drawbacks, les couleurs, les nuances, les classements, les déclassements, les analyses chimiques, les opérations saccharimétriques, les expériences scientifiques vraies ou fausses, les trafics sur les acquits, en un mot, tout le bagage de la fraude et tous les abus qui se sont greffés sur ce système et qui font aujourd'hui que les sucres les moins beaux, les moins brillants, les 7/9 se vendent plus cher sur le marché que les sucres plus élevés. Pourquoi? Parce que le commerce connaît toujours l'*ultima ratio* des choses, et, s'il paie plus cher ces sucres qui, en apparence, sont beaucoup moins beaux, c'est qu'il sait qu'il bénéficiera aux dépens du Trésor d'une somme

Nous attendons toujours une preuve quelconque pour ces 20 millions qui deviennent maintenant, sans qu'on sache pourquoi, 20 à 25 *millions*.

considérable qui vaut plus que la prime qu'il donne au fabricant.

Vous voyez donc, Messieurs, que nous ne pouvons pas laisser indéfiniment se perpétuer ces fraudes et ces abus. Il faut que nous trouvions moyen d'y mettre ordre et de faire rentrer au Trésor les sommes qui lui appartiennent.

Mais, nous avons cette fameuse convention de 1864 à examiner.

Je suis très-fâché d'être obligé de dire, en parlant de cette convention et des résultats des conférences si nombreuses qui ont eu lieu depuis quelques années, je suis très-faché de dire : Tant vaut l'homme, tant vaut la chose.

Il est évident que si vous envoyez dans vos conférences des hommes. . . .

M. le rapporteur. — Oh! oh!

M. Pouyer-Quertier. — Comment : Oh! oh! Mais je ne dis pas qu'il n'est pas honorable...

Sur divers bancs : Parlez! parlez!

M. Pouyer-Quertier. — Mais il y a des hommes dans cette

Voilà encore une de ces assertions à effet ; elle est absolument inexacte en thèse générale et n'est vraie que pour les quelques lots de sucres qui se trouvent tout près des limites de chaque classe. En effet, ces lots exceptionnels, peu différents comme richesse (*premier* élément du prix), diffèrent comme rendement ou droit (*second élément* du prix).

Pour les sucres limites dont nous venons de parler, l'élément droit peut l'emporter sur l'élément richesse ; c'est un fait sans importance, comme quantité, qui se reproduit en tout ce qui est soumis à des classifications ; de plus, c'est un fait purement commercial, sans importance pour l'acheteur raffineur (*Voyez page*) et dont le vendeur fabricant peut facilement se garer en évitant de faire ces sucres limites dans le sens désavantageux pour lui.

Assemblée qui, très-loyalement, très-honorablement, pensent qu'il n'y a pas d'excédants dans les raffineries, M. Benoist-d'Azy est de cet avis...

M. le rapporteur. — Des excédants, il y en a, mais pas dans la proportion que vous dites.

M. Pouyer-Quertier. — Eh bien, moi, je suis convaincu qu'ils existent, comme je le dis, que je n'exagère rien, et que le Trésor fait une perte énorme !

Comment ! vous ne voulez pas que je dise que, quand il s'agit de la défense d'une cause, on ne prend pas pour la soutenir un adversaire de cette cause, mais, au contraire, un avocat bien convaincu de celle qu'on lui confie ?

Sur divers bancs : Parlez ! parlez !

M. Pouyer-Quertier. — Est-ce que j'attaque l'honorabilité des hommes qui ont défendu leur propre conviction ? Non ! Messieurs. (Parlez ! parlez !)

Le Conseil supérieur avait demandé que l'exercice fût appliqué et aussi vite que possible. Or, pour faire prévaloir l'exercice, on a envoyé aux conférences un homme qui l'avait combattu toute sa vie et qui le combat encore aujourd'hui. Comment vouliez-vous qu'il réussît à faire triompher nos opinions?

Quelle attitude a eue cet homme dont, encore une fois, je n'attaque en aucune façon l'honorabilité ? quelle attitude a-t-il eue aux conférences ?

Je vais vous lire un extrait des procès-verbaux de la conférence :

Incident personnel à méditer sérieusement, d'autant plus qu'il s'est reproduit avec une violence croissante dans chacun des deux autres discours (*page   lettre*   ) et (*page   lettre*   ).

Il s'agissait d'obtenir de l'Angleterre, de la Hollande et de la Belgique d'accepter le système de l'exercice des raffineries ; c'était le but de la conférence, c'était le résultat a atteindre. Eh bien ! que voyons-nous ? Les Anglais persistent à demander l'exercice, et ils y persistent si bien que nous voyons M. Kennedy se retirer de la conférence parce qu'on veut parler d'autre chose que de l'exercice. Quant à nous, qui voulions entrer dans la même voie, que voyons-nous ? Nous voyons celui qui devait en notre nom soutenir l'exercice, nous ne le voyons, non pas se retirer avec M. Kennedy, mais s'associer — il faut que le pays le sache — au représentant de la seule nation qui a violé la convention, depuis le premier jour de son existence, depuis 1864 !

Sur divers bancs : C'est vrai ! c'est vrai !

Maintenant il convient de redresser, du tout au tout, le récit des faits relatifs au Conseil supérieur du commerce et aux conférences internationales. M. Pouyer-Quertier le travestit absolument, et je vais rétablir la vérité, appuyé à chaque mot par les pièces officielles.

Voici d'abord ce qui regarde le Conseil supérieur et le résultat de l'enquête 1872 :

Le Conseil supérieur, réuni le 8 mai 1872 (*page 15, Tome I de l'enquête 1872*) a entendu, sur la question des sucres, un rapport de M. Ozenne, approuvé par le Ministre du commerce (*pages 11, 12, 15, 16, T. I*), et a délégué à une commission composée de neuf membres le soin d'examiner la question, spécialement au point de vue de l'exercice (*Tome I de l'enquête, page 19*).

Cette commission a tenu 14 séances du 27 mai au 23 juillet, a entendu 44 déposants et recueilli une foule de renseignements de toute nature.

Dans la séance du 23 juillet, elle a adopté une résolution (*page 594, tome I de l'enquête*), par cinq voix contre trois, maintenant le système des types, et y adaptant certaines corrections.

La minorité de trois voix, en approuvant les modifications précédentes, *acceptait* l'exercice sous certaines conditions (*page 595*), notamment *l'entente avec les quatre puissances*.

7

Le 25 juillet, le Conseil supérieur s'est réuni en assemblée générale ; le nombre des membres présents n'est pas indiqué ; l'absence de MM. Amé et Ozenne, pour cause de service, y est seule constatée.

Dans cette seule séance, le Conseil supérieur, en l'absence des représentants de l'Administration, adopte les résolutions précédentes, mais se rallie à la rédaction suivante, pour ce qui concerne l'exercice ; voici le texte exact (*Tome I, page 626*) :

« Le Conseil, en approuvant les modifications proposées par la
» commission, préfèrerait l'exercice des raffineries et l'impôt à la con-
» sommation comme assurant plus certainement la juste répartition
» de l'impôt sur les sucres et sa perception exacte, si ce système est
» accepté dans des conditions efficaces par les puissances faisant partie
» de la convention internationale. »

On voit d'abord que cette résolution, prise dans les circonstances que nous venons de relater, n'avait pas un caractère aussi absolu que le prétend M. Pouyer-Quertier, qui dit que le Conseil avait demandé que l'exercice fût appliqué, et aussi vite que possible.

En outre, ces mêmes circonstances devaient donner moins de valeur impérative à l'avis du Conseil, allant plus loin que sa commission d'enquête, et qui ne pouvait, en aucun cas, avoir pour le gouvernement ni ses délégués le caractère d'une injonction formelle.

Il y a deux séries de conférences, la première en août 1872, à Londres, et la seconde à Paris, en avril et en mai 1873.

Dans aucune de ces deux séries de conférences le délégué anglais, M. Kennedy, ne s'est retiré, comme le prétend M. Pouyer-Quertier, parce qu'on voulait parler *d'autre chose* que de l'exercice. Au contraire, ces deux conférences se sont terminées chacune par des protocoles adoptés par *l'unanimité des délégués,* y compris les délégués anglais. Du reste, M. Pouyer-Quertier, annonçant qu'il va lire un extrait des procès-verbaux de la conférence (il ne dit pas laquelle), ne lit rien qui ait trait à une prétendue retraite de M. Kennedy.

A l'appui de mes assertions on peut consulter le protocole final de la première conférence daté de Londres le 12 août et le protocole final de la seconde conférence, daté de Paris, le 3 mai 1874 ; ces deux protocoles constatent l'unanimité des délégués des quatre puissances. Du

M. Pouyer-Quertier. — Et, en effet, tout le monde sait que, tandis que la Belgique devait faire payer, par l'exercice, 18 millions aux sucres de ses fabriques et de ses raffineries, elle ne leur fait payer que 6,500,000 francs par abonnement. Voilà les gens avec lesquels on s'est associé pour faire triompher le système que nous voulions établir ; notre représentant s'est associé avec nos plus grands adversaires contre les intérêts du Trésor !

Il en résulte que la Belgique, se sentant soutenue par la France, a persisté à dire : Nous ne voulons pas de modifications à la convention de 1864. Je le crois bien !... La Belgique ne l'a jamais exécutée, elle l'a violée depuis le premier jour. Elle n'a pas, elle, le type, tout est fait par abonnement. Peu importe la quantité qu'on exporte de Belgique ; ce sont les 6,500,000 francs qu'il faut assurer, au minimum, au Trésor. Mais, une fois ces 6 millions et demi assurés, tout le reste peut passer dans la consommation sans droit. Vous savez, cependant, qu'en Belgique, la consommation des boissons chaudes est bien plus considérable qu'en France.

La Belgique, d'après le chiffre de 6,500,000 francs que rapporte le sucre, ne consomme que 3 kilogrammes 50, tandis que la France consomme de 7 à 8 kilogrammes. Et vous voulez que nous regardions cette puissance comme observant la

reste, si l'attitude des délégués français n'a pas été ce que M. Pouyer-Quertier personnellement aurait voulu, absolue *per fas et nefas*, ce qui paraît être son idéal (Voyez page de son discours dans la présente note), il est certain qu'elle a été conforme aux instructions du Gouvernement que seules ils avaient à suivre. Ce qui le prouve, c'est que malgré les attaques dont M. Pouyer-Quertier les a poursuivis, à ce propos, dès février 1873, le Gouvernement les a de nouveau délégués aux conférences d'avril et de mai, et là, on ne peut discuter leur attitude puisque ces conférences ont toutes eu lieu sous la présidence d'un membre du Gouvernement français, l'honorable M. Teisserenc de Bort, ministre de l'Agriculture et du Commerce.

convention? Je dis que la Belgique ne l'a jamais exécutée, qu'elle ne l'exécute pas encore et que nous ne sommes pas liés à son égard. L'Angleterre veut l'exercice, la Hollande le veut aussi et M. le Ministre du commerce — je crois que je puis lui rappeler ce souvenir — a dit à MM. les fabricants de sucre qu'un projet de loi était préparé en Hollande pour établir l'exercice.

Mais comment vouliez-vous que la Hollande admît l'exercice, quand nous, nous ne voulions pas l'admettre?

Je n'ai pas à défendre la Belgique, ayant bien assez à faire de défendre la raffinerie française. Je dirai seulement que M. Pouyer Quertier n'a pas indiqué du tout en quoi la Belgique viole la convention.

Il est possible, et je le crois, que le régime appliqué par la Belgique à des fabriques donne lieu à des abus; cependant tant qu'elle reste dans les prescriptions que lui a imposées à cet égard la convention, elle ne la viole pas. — Or, la convention dit ceci (Voir le texte, tome 2 de l'Enquête, page 9) :

« Art. 16. — La prise en charge dans les fabriques de sucre abonnées sera portée immédiatement à mille quatre cent soixante et quinze grammes par hectolitre de jus et par degré du densimètre à la température de quinze degrés centigrades. Elle sera fixée à mille cinq cents grammes dès que la production annuelle en Belgique aura atteint vingt-cinq millions de kilogrammes.

» Le droit à percevoir dans les fabriques de sucres abonnées sera le droit auquel seraient soumis les sucres exotiques des n°s 10 à 14.

» Il est d'ailleurs entendu que les sucres bruts de betteraves, importés d'un des pays contractants dans l'autre, seront admis à l'exportation après raffinage, à la condition, en ce qui concerne l'importation en France qu'ils ne dépasseront pas le n° 16. »

» Art. 17 — La restitution ou la décharge des droits ne sera accordée aux sucres bruts indigènes au-dessous du n° 10, provenant de fabriques abonnées, que pour une quantité réduite proportionnellement aux rendements fixés par les articles 1 et 3. »

Il est certain pour moi que, comme dans tout ce qui est abonnement en matière de sucre extrait de la betterave, il y a là une source d'inconvénients sérieux. A quelle chiffre montent-ils, en somme? C'est ce qu'aucun document sérieux n'a jamais tenté d'établir.

Mais ce qu'il y a d'important c'est que le régime des fabriques en Belgique est *textuellement* prévu au traité et que M. Pouyer-Quertier, qui a besoin de se débarrasser de la Belgique parce qu'elle constitue l'obstacle le *plus absolu* à sa thèse, affirme absolument le *contraire de ce qui est*. En effet, il dit : « La Belgique a violé la convention depuis le premier » jour; elle n'a pas, elle, de type, tout est fait par abonnement. »

Or, la Belgique a des types, les mêmes que ceux des trois autres pays contractants, mais seulement pour les sucres importés du dehors.

Quant au fait de n'avoir pas de types pour ses sucres de betteraves, et de procéder par abonnement, loin d'être la violation de la convention c'est l'exécution *littérale* des articles 16 et 17 de la convention.

Il ne faut pas trop s'étonner de ce que la Convention ait dû maintenir certaines anomalies, comme celles que je viens de citer.

On partait, dans cet immense commerce de concurrence d'exportation des raffinés, d'un véritable chaos.

En poursuivant, comme but, l'établissement d'une uniformité complète, on a dû cependant, pour ne pas compromettre le succès de cette *première* tentative, se contenter d'un progrès immense, sans s'obstiner à abattre du premier coup tous les obstacles, ou à ne rien faire.

Presque dans chaque pays, on a ainsi rencontré quelque point faible sur lequel on a dû faire des concessions.

Ainsi, en *Belgique*, on a trouvé le régime de l'abonnement pour les fabriques ; on l'a maintenu, en portant la prise en charge précédente à 1,475 grammes (l'article 16 précité de la convention). Disons tout de suite que cette prise en charge portée à 1,500 grammes, conformément à l'article 16, eût été portée à 1,600 grammes si le protocole du 3 mai 1873 avait été suivi d'effet.

En France, les poudres blanches, produites dans les fabriques de betteraves et dans les usines des colonies françaises, payaient 2 francs (aujourd'hui 3 fr. 12 c.) de moins que les raffinés. On a maintenu cette anomalie, bien que dans les trois autres pays, les poudres blanches paient comme raffinés, et que les poudres blanches des *pays contractants* paient comme raffinés à *l'importation en France* (article 13 de la convention et tarif conventionnel, article relatif aux raffinés et poudres blanches assimilées aux raffinés). Ajoutons que cet état de choses

8

Si nous avions persisté résolûment dans l'exercice, il est évident que la Hollande était avec nous, puis qu'elle demandait le même droit que nous, puisqu'elle se plaignait, comme nous, des abus de la convention de 1864, et elle aurait laissé, comme nous, la Belgique en dehors de la convention.

Je dis que, aujourd'hui, vous n'êtes pas liés à l'égard de la Belgique, car depuis le commencement, au vu et au su de tout le monde, c'est un fait connu de tous ceux qui se sont occupés de la question, et aucun d'eux ne me démentira, la Belgique n'exécute véritablement pas la convention, et personne n'ignore que de cet état de choses résulte pour elle une prime de 10 à 12 millions. (Assentiment sur divers bancs.)

Comment! nous allons être obligés nous, Français, dans la situation si difficile où nous nous trouvons, de chercher de nouveaux impôts, au lieu de prendre ce qui nous appartient, au lieu de faire rentrer dans les caisses du Trésor des sommes qui lui sont dues, et tout cela pour rester d'accord avec une nation qui n'a cessé de violer la convention qu'elle a signée avec nous !.....

Je dis, Messieurs, que cela ne peut pas être, que cela n'est ni juste, ni droit, ni loyal; je dis que, si vous le vouliez vous

empêche *légalement* l'exporiation des poudres blanches produites par la raffinerie française (1).

En Hollande même, le sucre de Java était frappé, à la sortie de Java, d'un droit supplémentaire de 6 0/0, quand il allait se faire raffiner ailleurs qu'en Hollande. Cette inégalité n'a pas été détruite par la convention, et n'a été supprimée que récemment.

Mais on ne peut dire que ces anomalies constituent une violation de la convention, alors qu'elles y ont été l'objet d'articles spéciaux, comme c'est précisément le cas pour la Belgique.

(1) Voir pièces justificatives.

ne seriez pas liés vingt-quatre heure par cette convention. Mais au lieu de la rompre, on s'est appuyé précisément sur la Belgique pour repousser l'exercice qui, dans la pensée des autres négociateurs, devrait prévaloir.

La position exacte de la Hollande est parfaitement définie dans cette phrase de M. Uyttenhooven, conférence de 1873 (1).

« M. Uyttenhooven insista sur la nécessité de rechercher un terrain » de conciliation ; si les autres Gouvernements pouvaient tomber d'ac- » cord sur l'exercice des raffineries ; le Gouvernement des Pays-Bas » l'accepterait également ; mais comme cet accord semble impossible, il » ne refusera rien de ce qui devra réellement améliorer le régime » actuel. »

Quant à dire que la Hollande aurait laissé la Belgique en dehors de la convention, c'est une assertion incroyable, quand on pense que M. Pouyer-Quertier a la preuve du contraire et qu'il va lire le texte qui devrait le lui apprendre ; il est vrai qu'il va lire d'une manière *particulière ;* nous le compléterons. (Voir plus bas page   lettre   .)

Je ne discute pas l'exercice dans cette note, mais je ne puis m'empêcher de montrer, d'une manière frappante, quels malentendus et quelles difficultés se cachent sous ce *mot* qu'on veut faire voter *ab irato* et en principe à l'Assemblée, au lieu de lui présenter un projet étudié et pratique qui montre clairement *la chose,* c'est-à-dire l'exercice appliqué dans ses détails à la raffinerie libre, et non aux établissements qui n'ont avec elle qu'une ressemblance de nom, comme les fabriques et les fabriques raffineries.

Je ne cite qu'un fait :

« Dans la conférence du 24 avril 1873, un des délégués anglais, » M. Ogilvie indique un règlement en dix articles, renfermant les » idées du Gouvernement anglais sur l'exercice. »

L'article 1er est ainsi conçu (2) :

« 1° Les sucres d'origine étrangère et les sucres indigènes seront

---

(1) Page 53 du compte rendu.
(2) Compte rendu (pages 44 et 45).

Voici un considérant qui se rapporte au raffinage en entrepôt, et qui montre que la Belgique, une des quatre puissances qui ont pris part à la convention, repousse absolument l'exercice :

« Considérant que l'examen approfondi de l'exercice du raffinage en entrepôt a fait reconnaître qu'il est difficile à organiser dans des conditions uniformes, de nature à offrir

» pris en charge, en observant les règles actuellement suivies pour la
» perception des droits. »

Sur ce *seul article*, voici l'opinion des délégués de la Hollande (1).

D'après M. Uyttenhooven, dans les cas où le régime de l'exercice
» viendrait à être adopté, il serait organisé, en Hollande, d'une manière
» différente. Il doute, par exemple, qu'il puisse y avoir une prise en
» charge obligatoire pour les sucres, dès leur entrée dans la raffi-
» nerie. »

Et plus loin (page 48) :

« Dans mon opinion personnelle, ajoute M. Uyttenhooven, la prise
» en charge obligatoire, dès l'entrée des sucres dans la raffinerie, n'est
» pas seulement sans nécessité ; elle susciterait de telles difficultés que
» le régime de l'exercice me paraîtrait inacceptable, s'il devait en
» entraîner l'adoption. »

M. Guillaume (délégué belge) :

« Cette prise en charge préalable, qui, dans l'opinion de M. Uytten-
» hooven, ne permet pas d'accepter le système de l'exercice, est cepen-
» dant considérée en Angleterre et en France comme indispensable. »

Voilà l'accord entre deux délégués dont l'un veut et l'autre accepte
l'exercice !

Je n'ai voulu, je le répète, qu'indiquer en passant, par un seul
exemple, non une démonstration absolue contre l'exercice, mais une
preuve que ce n'est pas une chose simple que l'Assemblée puisse
voter *en principe*, sans qu'on lui donne, par une étude préalable, par
un projet complet, d'autres garanties que les plaisanteries de M. Pouyer-
Quertier.

_____

(1) Compte rendu officiel (page 46).

partout de suffisantes garanties, et que l'un des quatre Etats contractants, la Belgique, continue à repousser absolument ce système de perception, qui ne peut, dès lors, être appliqué par aucun des trois autres...... »

Et après une discussion, on dit, page 87 :

« M. Kennedy considère comme inutile l'insertion des mots dont il croit devoir proposer la suppression. Il ajoute que cette phrase incidente soulève une question générale sur laquelle il est maintenant en dehors des pouvoirs de la commission d'exprimer une opinion formelle.

» Il est bien entendu que les mots « qui ne peut dès lors être appliqué par aucun des trois autres Etats » seront supprimés. »

Et ils sont supprimés. Ce qui veut dire que chaque nation fera chez elle ce qui lui conviendra.

Ici voyant M. Pouyer-Quertier citer un texte et mentionner une page, nous croyons utile de vérifier, et voici ce que nous trouvons :

Page 87 (1) « Il est bien entendu que les mots « qui ne peut dès lors » être appliqué par aucun des trois autres États » seront supprimés.

Seulement, au lieu du *point* mis par M. Pouyer-Quertier, il y a une *virgule*, et, à la suite, *immédiatement*, ce qui suit, qui n'a pas été lu à la Chambre :

« Mais sous la réserve des observations qui ont été faites par Mes- » sieurs les délégués de la Belgique, de la France et des Pays-Bas, » réserve qui devra être mentionnée dans le procès-verbal. »

Or, si on veut connaître les observations qui doivent être mentionnées dans le procès-verbal, les voici (pages 86 et 87) textuellement :

« M. Ozenne (rappelons-nous que le Ministre du commerce » préside) fait remarquer que cette partie du paragraphe en discussion » n'est qu'une conséquence du principe général en vertu duquel jus- » qu'à l'expiration de la convention du 8 novembre 1864, une des

---

(1) Compte rendu officiel des Conférences de 1873.

» quatre puissances ne pourrait pas changer isolément les conditions
» qu'elles ont stipulées dans cet acte international.

» MM. Uyttenhooven et Guillaume (Hollande et Belgique) ap-
» puient l'observation qui vient d'être présentée par M. Ozenne. Il ne
» leur paraît pas admissible qu'un des États contractants introduise
» dans son système de perception un changement tel que le com-
» porterait l'exercice des raffineries sans l'assentiment préalable des
» trois autres gouvernements. »

On conviendra qu'il est regrettable, dans une discussion aussi sérieuse
de droit international, d'essayer d'entraîner l'Assemblée à l'aide de documents diplomatiques officiels qu'elle n'a pas eus sous les yeux et qu'on
lui lit de la manière que je viens de signaler.

Je pourrais faire d'autres citations, mais pour abréger je mentionne encore l'extrait suivant de la onzième et dernière conférence
(Page 91).

« M. Ozenne donne lecture de la proposition suivante qui lui a été
» remise par M....... en vue de la soumettre à l'examen de la Com-
» mission internationale :

» Si l'un des pays contractants se trouvait autorisé à modifier le
» régime intérieur de l'impôt sur les sucres, *de manière à atteindre plus*
» *sûrement la matière imposable*, les sucres étrangers importés dans ce
» même pays seraient soumis au nouveau régime. »

» La Commission ayant décidé qu'il était impossible d'admettre
» qu'un des États associés pût établir isolément chez lui un régime spé-
» cial pour la perception des droits sur les sucres, écarte la proposition
» nouvelle qui lui a été faite par M..... »

Ainsi voilà l'opinion bien formelle des délégués des quatre puissances
(moins sans doute l'Angleterre, bien que le procès-verbal ne mentionne
aucune réserve) même quand on leur parle d'un régime spécial ayant
pour but *d'atteindre plus sûrement la matière imposable*.

Et on propose à l'Assemblée de passer outre! Il est vrai qu'on
lui laisse ignorer ce que nous venons de lui faire connaître, *pièces en*
mains.

Ainsi, voilà la protestation de l'Angleterre.

M. le duc Decazes, Ministre des Affaires Étrangères. — Je demande la parole.

M. Pouyer-Quertier. — Voilà la protestation qu'auraient dû faire nos agents, qui avaient été chargés d'aller défendre nos intérêts

et qui nous auraient permis de percevoir ces 20 millions qu'on refuse absolument de donner à M. le Ministre des finances. (Très-bien! très-bien!)

Je vous demande pardon, Messieurs, d'entrer dans ces détails. (Parlez! parlez!)

Je vous ai proposé d'établir l'exercice dans les raffineries de France, à partir du 1er avril 1874; il y a donc encore cinq semaines.

Et d'abord, je maintiens que vous n'avez pas besoin de conférence nouvelle pour établir l'exercice, c'est dans votre droit; cela n'a été défendu par aucune des conventions. D'ailleurs, les conventions ont été faites pour qu'il ne puisse y avoir aucun excédant, et vous êtes par suite des perfectionnements de l'industrie, arrivés, au bout de dix ans, à cause de tous les embarras qu'on a créés dans ces conférences, à cause de tous ces incidents qu'on y a fait naître, à cause des obstacles qu'on y a suscités, vous êtes encore, au bout de neuf ans, touchant bientôt à la fin de la convention, sans avoir pu en réglementer ni l'organisation, ni l'application.

Je le demande : de quel droit voudrait-on, dans notre pays, nous dire : Nous allons vous empêcher d'établir l'exercice?

Pourquoi nos agents avaient-ils le devoir de protester plus que leur Ministre, en faveur d'une opinion qu'ils n'avaient pas et qui n'était admise que par l'Angleterre seule?

Je ne vois toujours pas trace du calcul relatif à ces 20 millions.

Comment! nous n'établirions pas l'exercice?

Mais l'exercice sauvegarde non-seulement les intérêts de notre Trésor, mais aussi les intérêts des étrangers.

Comment donc les étrangers pourraient-ils se plaindre que le Gouvernement français ne donne pas 20 millions de prime aux exportateurs? (Marques d'approbation.)

Pour quel motif le Gouvernement français au lieu de donner 20 millions aux exportateurs, aux raffineurs et aux consommateurs, ne ferait-il pas rentrer cette somme dans son Trésor,

alors surtout qu'il est gêné pour trouver les ressources dont il a besoin et que l'on est obligé de proposer des augmentations d'impôt sur le sel et sur le sucre? Il y a là 20 millions d'impôt, il faut les prendre et le moyen de les avoir, c'est d'établir l'exercice. (Vive approbation sur plusieurs bancs.)

Je partage tout à fait l'opinion qu'il n'y aurait aucune réclamation si les étrangers étaient certains que la violation de la convention tournât contre la raffinerie française seule, qui leur fait une si rude concurrence; mais la matière est trop embrouillée et trop sujette à surprises pour que les étrangers se prononcent comme cela; ils ont fait leurs réserves, et attendront selon que cela tournera bien ou mal. Il est inutile d'insister sur les gâchis où seraient les affaires si l'exercice une fois établi, on se trouvait en présence de réclamations formelles, fût-ce d'une seule des puissances cosignataires de la convention, et à plus forte raison de deux.

Et puis, comment traiterait-on les sucres raffinés, importés de ces pays?

Je ne fais qu'indiquer ce point, il y en aurait long à dire.

Je ne vois toujours pas la moindre trace du calcul relatif à ces 20 millions.

Même observation que ci-dessus.

Même observation que ci-dessus.

Mais, a-t-on dit, il y a là une grande prime pour l'exportation qui favorise notre commerce extérieur, n'y touchez pas, cela restreindra le mouvement de notre commerce d'exportation.

Cela n'est pas exact, c'est mon système qui est le plus favorable aux intérêts maritimes de nos ports, je vais vous le prouver.

On nous demande d'abandonner les excédants aux raffineurs, pour favoriser l'exportation ! Oh ! si l'Assemblée veut entrer dans cette voie de donner des primes à l'exportation, qu'elle le déclare et qu'elle établisse, à cet égard, des règles, mais qu'on ne vienne pas mettre subrepticement et par une fausse interprétation de la loi, des sommes considérables qu'on laisse passer comme inaperçues, dans des caisses où elles ne doivent pas aller; qu'on ne donne pas ainsi une prime déguisée, détournée ; que le pays sache où vont ces primes et pour quels motifs on les donne ; qu'on nous les soumette, qu'on les vote et qu'on les accorde à ceux qui seront reconnus y avoir droit. Ce système est faux, mais, au moins, nous en connaîtrons la portée.

On dit, je le sais très-bien, que le commerce de l'exportation du sucre représente un chiffre considérable. C'est vrai, je ne le nie pas, mais il ne faut pas oublier non plus qu'à côté du sucre raffiné, il y a le sucre brut. Or, Messieurs, savez-vous

Il n'est pas question de donner des primes, mais de maintenir les conditions d'égalité posées par la conférence; on perd toujours de vue qu'il s'agit d'un commerce de concurrence et que les primes qu'on prétend exister chez nous existeraient chez les Hollandais dans la proportion des droits 57 et 73, après avoir existé pendant longtemps dans le sens opposé, quand nos droits étaient de 47 contre 57. C'est ce qui, même en cas de primes admises, rend la question beaucoup moins simple qu'on ne croit; un *relèvement* convenable et uniforme rétablirait l'équilibre s'il était détruit.

ce qui se passe depuis quelques années à propos du sucre brut ?

Le sucre brut représente surtout l'intérêt immense de l'agriculture de nos départements du Nord, tandis que l'intérêt que j'attaque, intérêt respectable, je le veux bien, est celui de quelques raffineurs de France. Il n'y en a pas vingt-cinq parmi ces raffineurs qu'on puisse compter parmi les raffineurs sérieux ; il y en a surtout dix, parmi ces derniers, qui sont très-puissants, très-forts et qui trouvent qu'il est très-bon de faire encaisser par eux ces masses de primes qui résultent des excédants.

Je dis donc que nous exportons environ 140 millions de kilogrammes de sucre raffiné. C'est un chiffre respectable et que je suis ravi d'avoir à constater.

Mais il y a longtemps que l'agriculture vous dit : Si vous maintenez le régime actuel, je n'aurai bientôt plus qu'un acheteur, ce sera le raffineur français auquel vous accordez une prime considérable lorsqu'il exporte du sucre raffiné, et moi, agriculture, quand j'exporte du sucre brut, vous ne me donnez rien, vous ne m'accordez aucune prime. Que résultera-t-il de cette situation ? C'est que le raffineur français continuera à exporter et que le fabricant français ne pourra plus exporter.

Cette prophétie si simple se réalise aujourd'hui et voici ce qui se passe, et cela a été prédit par les fabricants de sucre, il y a cinq ans ou depuis la convention. Pendant que le sucre

Nous avons déjà prouvé (voyez lettre X, page 10) que tous les excédants abusifs dont on se plaint profitent exclusivement aux quelques
fabricants qui les font au détriment de leurs confrères, et que la
la raffinerie y est indifférente.

C'est, en effet, un chiffre qui doit inspirer une grande prudence
avant de toucher à ces affaires, d'autant que la raffinerie française,
par la réputation de ses produits, exporte au loin les sucres de betteraves dans des pays où ils n'iraient certes pas à l'état brut.

raffiné monte toujours dans l'échelle de l'exportation non pas
par des sauts énormes pourtant le sucre brut descend. En 1871,
on exportait 109 millions de sucre brut; en 1872, on n'en exportait plus que 96 millions et en 1873, en n'en a plus exporté
que 68 millions, et, malgré cette exportation, les stocks ont
augmenté à l'intérieur du pays. Pendant que l'exportation du
sucre raffiné a augmenté de 12 millions de kilogrammes en
1873, l'exportation du brut a diminué de 41 millions de kilogrammes sur 1871, et de 2,800,000 kilogrammes sur 1872. Notre
commerce d'exportation et nos chemins de fer y ont donc
perdu la différence de 16 millions de kilogrammes sur une année,
et de 29 millions de kilogrammes sur l'autre; voilà d'où viennent les augmentations de nos stocks.

Ici, nous retrouvons la manière habituelle dont les chiffres sont groupés par M. Pouyer-Quertier, l'homme devant lequel les chiffres *tremblent*, comme le dit avec éloge un journal, à propos de cette discussion (1). Et ils ont bien raison!

Voyons le :

Pour étudier la marche de l'exportation des sucres bruts indigènes, M. Pouyer-Quertier (dont la thèse comporte le point de départ le plus fort possible) part de l'année 1871.

Or, cette année, comme l'année 1870, est tout à fait anormale à cause de la guerre. Paris ayant été fermé pendant cinq mois à cause de la guerre puis de la Commune, le sucre brut a pris le chemin de l'exportation, non comme un débouché naturel, mais parce qu'il était privé de son débouché le plus important; Paris, où la raffinerie consommait en temps ordinaire plus de 15 millions par mois.

Ce qui confirme cette anomalie, c'est l'envoi (2) en Belgique de 26,800,000 en 1870, et 29,300,000 en 1871, alors que pas un kilo n'avait été dans ce pays les années précédentes; ces soi-disant exportations sont tout simplement des sucres envoyés à l'étranger, pour les sauver ou les réexpédier au Havre, Nantes, Bordeaux, Marseille, par mer. Il faut évidemment négliger ces deux années exceptionnelles et prendre

---

(1) Journal l'*Evénement* du 28 février 1874.
(2) Tome 2 de l'Enquête, page 19.

Donc, nos fabricants de sucre se trouvent en présence d'un seul acheteur : l'Anglais ne peut pas acheter, puisqu'il est en concurrence avec des hommes qui perçoivent 7 francs ou 7 fr. 50 c. de prime par 100 kilog. de sucre, c'est-à-dire sur une valeur de 60 francs plus de 10 0/0 ;

— le fabricant français n'a plus qu'un acheteur, le raffineur français! Et celui-ci détruit son exportation et son marché extérieur! Rendez donc à chacun sa liberté et ne faites pas passer sous les fourches Caudines des raffineurs et notre marine qu'ils atteignent, et notre agriculture qu'ils ruinent.

C'était le contraire qui se produisait autrefois; c'était le sucre brut qui montait dans l'exportation, et maintenant, il descend, c'est le sucre raffiné qui s'en va au dehors, mais non dans la même proportion; il tient dans sa main le monopole, c'est-à-dire le marché de tous les sucres bruts de France.

C'est ainsi que vous voyez cette résistance formidable des

pour point de départ les dernières années normales.

Ainsi nous voyons en 1868 une exportation de 28 millions

                    en 1869   —   26   —
                    en 1872   —   96   —
                    en 1873   —   68   —

Les exportations de 1873 ne se sont ralenties que par suite d'une accumulation énorme des stocks de sucre brut vers la fin de l'année. Si on consulte la situation de la fabrication indigène 1873-74, on verra que sur les trois derniers mois de 1873 seuls, il y a une diminution de 35 millions, c'est-à-dire plus que toute la diminution de l'année, et nous voyons (Circul. de Licht du 8 février) que le stock en Angleterre était, fin 1873, de 59 millions plus élevé que l'année d'avant, et cette situation est générale.

Voilà la raison pour laquelle l'exportation a tant souffert, et c'est d'autant plus regrettable que toute la diminution porte sur les trois mois de la campagne actuelle.

Nous nous demandons où M. Pouyer-Quertier va chercher ce chiffre?

raffineurs qui tiennent sous la main tous les fabricants de sucre de France, toute l'agriculture du Nord, du Nord-Ouest et de la France sucrière, et qui ne veulent pas s'en départir, afin de pouvoir palper ces primes superbes au détriment de notre agriculture, de la production de nos champs. (Très bien! Très bien!)

Eh bien, Messieurs, ce n'est pas tout. Messieurs les raffineurs sont très-bons commerçants; ils ont bien raison, ils en ont bien le droit, je voudrais être aussi bon commerçant qu'eux, mais je n'exerce pas une industrie aussi privilégiée :

Messieurs les raffineurs de sucre, quoiqu'ils aient à l'intérieur un stock grossissant chaque jour de sucre brut ont trouvé que ce n'était pas suffisant, et alors ils sont allés chez leurs voisins, les Belges, demander encore 42 millions de kilogrammes de sucre brut, de sorte que voilà le Ministre des Finances de France qui non-seulement donne des primes sur les sucres bruts raffinés en France sur l'excédant du rendement, mais aussi des primes aux sucres belges raffinés en France pour en sortir; de sorte que vous donnez une prime au sucre belge, comme vous en donnez une au raffineur qui sort le sucre du sol français.

Tout ceci rentre dans ce qui a déjà été réfuté précédemment.

Je croyais l'industrie de M. Pouyer-Quertier vigoureusement protégée contre ses concurrents *Anglais*.

Nouvel exemple de la vérité des chiffres de M. Pouyer-Quertier :
Il a été importé de Belgique en 1873 (1) 34,800,000 kil. de sucre brut, sur lesquels ont été mis en admission temporaire :

$$22,634,593 \; 7/99$$
$$580,086 \;\; 7$$

$$\overline{23,214,57}$$

Ainsi, 23 millions au lieu de 42. Voilà la vérité. Le chiffre des admissions temporaires de bas sucre n'est pas mis en évidence dans la

---

(1) Voir documents statistiques de l'Administration des douanes pour 1873, page 24.

Cette situation n'est plus tolérable ; il faut y porter remède le plus tôt possible, et vous n'avez qu'un remède, un seul : c'est l'exercice.

M. le Ministre des Finances, j'en suis convaincu, a étudié cette question à plus d'une reprise, et il ne me démentira pas, si je dis qu'il est persuadé qu'il n'y a que l'exercice qui lui fera rentrer la somme qui lui appartient. Mais j'ai derrière moi le témoignage le plus honorable de l'Assemblée, c'est celui de notre président, M. Buffet ; mais il est le père de l'exercice. (Bruyants éclats de rire.)

En 1851, M. Buffet, Ministre des Finances, a demandé et obtenu la création de l'exercice. La loi a été votée, et il a fallu la révolution de 1852. (Interruption et rires à gauche.)

Voix à gauche. — Dites le coup d'Etat de 1851 !

M Pouyer-Quertier. — .... Il a fallu la révolution de 1852 pour qu'un décret détruisît ce qu'une loi avait institué.

Ainsi, en 1851, l'exercice a été établi. Il a été détruit par un simple décret après le 2 décembre 1851.

Voilà, Messieurs, ce qui a existé pour l'exercice.

Par conséquent, tous les hommes qui ont étudié la question, qui sentent la vérité dans la question si difficile, si délicate du sucre ; tous les hommes qui l'ont serrée de près, vous ont

statistique, mais il résulte des dépouillements faits par l'Administration, dont j'ai demandé le chiffre et qu'on peut vérifier.

De ce chef, M. Pouyer-Quertier peut ajouter, s'il le veut, 3 0/0, soit 700,000 kilos, soit 500,000 francs provenant des excédants, soit un chiffre total de 2,150,000 francs.

Oui, à condition :

1° Que tout ce qu'a dit M. Pouyer-Quertier soit vrai en tout ou en partie ;

2° Qu'il n'y ait pas d'autre remède que l'exercice, *per fas et nefas*.

demandé l'application de l'impôt à la consommation. Il est impossible d'hésiter sur ce point, quand on a affaire à un objet aussi variable que le sucre, dont la nuance change d'une année à l'autre et si souvent, que l'Administration elle-même n'est jamais d'accord sur le type. Ainsi, le type qui est à Valenciennes n'est pas d'accord avec le type qui est dans le cabinet de M. le directeur général des Douanes. (Sourires.) Il est si peu d'accord, qu'on a inventé, dans l'industrie des sucres, ce qu'on appelle le déclassement. Vous avez un œil qui voit ce flacon à Valenciennes (l'orateur montre un des flacons qu'il a placé sur la tribune), il le classe à un degré; on approche ce même flacon d'un autre œil à Paris, au Ministère de l'Agriculture et du Commerce, et là, il y a un bureau qui est chargé de déclasser ce qu'un autre a classé, et il le trouve d'une autre nuance et d'une autre classe. (Rires.) Et alors, vous êtes tout étonné de voir que notre pauvre Trésor soit obligé quand on déclasse, de rendre à Paris l'argent qu'il a perçu en trop à Valenciennes.

Cela ne se fait pas à propos de boucauts de petite taille, comme ce petit flacon que je vous présente ; l'opération se fait sur des millions, sur une trentaine et même sur une quarantaine de millions. Je crois qu'en 1871, on a opéré sur quelque chose comme 42 ou 43 millions de kilogrammes de sucres, qui ont été ainsi déclassés.

Les fabricants agriculteurs n'avaient pas ce moyen de déclassement à leur disposition ; cela avait été organisé au profit des raffineurs de Paris surtout.

Eh bien, Messieurs, savez-vous quel avantage les raffineurs trouvent dans ce déclassement ? C'est que le sucre déclassé est bien près de la ligne qui le sépare d'une classe inférieure ; c'est qu'il est au maximum de la classe où il descend et qu'alors il contient tous les excédants possibles, c'est-à-dire le plus fort possible; cela n'est pas contestable. De sorte que vous avez, à Paris, le moyen de déclasser les sucres et de rendre 2 ou 3

millions aux raffineurs qui ont acheté le sucre classé dans et
Nord et déclassé à Paris. Et ainsi les fabricants de sucre qui
avaient vendu des sucres à un titre déterminé dans le Nord
sont obligés de rendre à l'acheteur une certaine somme après
ce déclassement, parce que le sucre vendu dans une classe à
Douai est descendu d'une classe à Paris.

De sorte que le prix de vente et d'achat ne peut jamais être
fixé d'une manière fixe et positive, ce qui rend les conventions très-difficiles ; car on est obligé de faire des réserves sur
la chance du déclassement, et les conventions deviennent aléa-
toires. C'est là une situation des plus regrettables, car c'est le
Trésor et nos producteurs agricoles qui en font les frais, et
surtout les frais pour les énormes excédants qu'on accorde
dans ces conditions-là.

Je demande que cet atelier, j'allais dire un autre mot, cette
boutique de déclassement disparaisse... (On rit) et disparaisse
par l'exercice, qui fera entrer l'argent dans le Trésor, au lieu
de le mettre dans la caisse des raffineurs. (Très-bien ! très-
bien !)

Vous voyez donc que ces questions-là ne sont pas des plus
simples et que, par toutes sortes de moyens habiles et ingé-
nieux, le raffineur a trouvé le moyen de pénétrer dans le
Trésor et d'en tirer tout ce qu'on pouvait en faire sortir. Je
dis que les déclassements ont été l'objet d'un trafic déplorable.
je pourrais dire scandaleux, — c'est ainsi que l'agriculture les
apprécie, — et qu'il faut absolument que ces déclassements dispa-
raissent ; et ils ne peuvent disparaître qu'avec le système que
je vous recommande, c'est-à-dire l'exercice.

M. Pouyer-Quertier répète ici, comme s'appliquant à la marche normale et actuelle des choses, une vieille histoire, qui a déjà fait les frais
de sa discussion, l'année dernière, et qui remonte à l'hiver de 1871.
Il est vrai qu'à cette époque, par suite du désarroi qui régnait à la
suite de la guerre, il y a eu des retards infiniment regrettables dans
la confection des types, et des déclassements sur une échelle énorme ;

Dans ces conditions-là, puisque tout est en faveur de l'exercice, pourquoi ne l'établiriez-vous pas ? En quoi pouvez-vous gêner les Anglais, qui vous le demandent ?

en quoi pouvez-vous gêner les Hollandais, qui vous le demandent aussi ?

Un membre. — Et la Belgique ?

je lui accorderai tout ce qu'il voudra là-dessus; je prétends d'abord qu'en cette circonstance comme toujours, le comité central des fabricants de sucre, qui représente une fraction de la fabrication, s'est beaucoup plus préoccupé de se faire une arme de ce qui se passait que d'y porter remède.

Ensuite, il est inadmissible qu'on pose comme fait constant un fait exceptionnel, qui *s'est passé quand il était ministre*.

Et il est positif qu'en ce moment les choses se passent très-régulièrement et ne donnent lieu à aucune réclamation, excepté peut-être de ceux dont les sucres fraudés légalement *sont surclassés par les experts*.

En fait, sauf l'épisode de 1871 , il n'y a rien à dire sur ce bureau d'expertises, qui fonctionne en vertu d'une loi (27 juillet 1822), et qui est indispensable pour juger les contestations qui s'élèvent entre l'administration et les contribuables, non-seulement pour le sucre mais pour tous les autres articles, et qui est ouvert aux fabricants comme aux raffineurs.

Il y a quelques améliorations de détail à y apporter, notamment des mesures à prendre pour que les décisions des experts soient connues plus rapidement qu'elles ne le sont.

L'Angleterre demande l'exercice parce que ses raffineurs veulent tout ce qui pourra gêner et inquiéter leurs concurrents français, et que le droit de 7 fr. 50 c., qui sera peut-être même prochainement annulé, lui enlève même les inquiétudes pratiques que nous causent nos droits dix fois plus forts.

La Hollande ne *demande* pas l'exercice et exige un *accord préalable* pour l'accepter. Au moins il n'est pas question chez elle de voter le *principe* et de l'appliquer *après* comme on pourra, *per fas et nefas*, comme le demande textuellement M. Pouyer-Quertier.

M. Pouyer-Quertier. — Oui, mais la Belgique viole la convention, et la convention n'existe pas pour elle. Vous pouvez donc, comme principe, admettre immédiatement l'exercice; et je ne vous demande pas plus de trois semaines pour que vous soyez d'accord complétement avec les trois autres puissances, qui ne vous demandent absolument que l'exercice.

M. Maurice Rouvier. — Commencez par là!

M. Pouyer-Quertier. — C'est très-facile de dire : Commencez par là! Je prie l'Assemblée de commencer par ceci: décider d'abord le principe de l'exercice!... (Très-bien! Très-bien! sur un grand nombre de bancs) car, lorsqu'on viendra nous dire: « Commencez par là! » on ne nous apportera jamais de solution. C'est ainsi, que depuis trois ans, vous avez une commission qui cherche la solution, qui veut vous l'apporter, qui demande l'exercice, qui a fait son rapport, et qui n'a pas obtenu que l'exercice fût encore établi à l'heure qu'il est.

. Mais l'exercice, il est dans l'intérêt de notre marine. Je vous ai démontré tout à l'heure la perte qu'elle avait faite, en 1873, sur l'exportation des sucres bruts, soit 28 millions de kilogrammes, qui ne pouvaient être compensés par 12 millions de sucres raffinés exportés, dont 11 millions en Angleterre, par navires anglais.

Comment! aujourd'hui, nous ne pouvons apporter en France des sucres bruts étrangers, ni des colonies, quand ils sont de nuance basse ou très-impurs; car ils payent absolument comme les sucres beaucoup plus riches de notre pays : on ne peut pas, dis-je, les apporter en France, et c'est une perte énorme pour notre marine, car ils prennent une autre route! Eh bien, l'exercice vous les donnera! Il faut, comme en Angleterre, que vous puissiez apporter tous les sucres, de quelque nuance qu'ils soient, qu'on puisse les raffiner en France et les exporter

C'est absolument inexact. (*Voir précédemment*)

ensuite. C'est l'intérêt maritimes que je défends en ce moment.
A l'heure qu'il est, la marine ne peut importer que des sucres
de certains numéros.

On est taxé à la nuance. Les nuances, de tel ou tel numéro,
vous ne leur tenez pas compte des pertes faites sur le rendement de ces sucres. Il est indispensable que le commerce maritime puisse vous apporter tous les sucres, de quelque part
qu'ils viennent. Supprimez les types actuels, et vous arriverez
à n'avoir plus à faire l'exercice que des sucres raffinés, ce qui
permettra l'importation des sucres bruts de toute provenance et
de toute richesse saccharine.

Je crois, Messieurs, avoir démontré à l'Assemblée que l'exercice est indispensable pour faire venir, dans les caisses du
Trésor, toutes les sommes qui doivent résulter des lois que vous
avez faites, et ces sommes s'élèvent à plus de 20 millions.
Mais, comme les raffineurs dénient la chose de la manière la
plus formelle, le Gouvernement, jusqu'alors, n'a pas osé leur
imposer ce régime, qui est la vérité, la réalité. M. le Ministre
des finances le sait comme moi! Mais, quand on se sera rendu
compte de ces sommes, et je crois que le chiffre de 20 millions est plutôt au-dessous qu'au-dessus de la vérité, j'espère
qu'on n'hésitera plus.

Vous dites : « Nous ne pouvons pas établir l'exercice. » Mais,
Messieurs, vous l'avez; vous exercez les fabriques-raffineries,
qui sont des établissements agricoles situés au milieu de nos
départements. Celles-là, vous les exercez. Il n'est pas possible
de sortir un kilogramme d'une fabrique-raffinerie, sans qu'il

Les chambres de commerce des ports de *Bordeaux, Marseille, Nantes,* *Havre, unanimement,* et par des délibérations imprimées et publiées, n'admettraient l'exercice qu'après étude préalable et accord établi avec les autres puissances.

Nous attendons toujours un calcul quelconque, même faux, qui explique ces 20 millions.

paye le droit. Il n'y a pas d'excédant pour elles ; on n'exerce
pas sur la nuance, mais sur ce qui sort, c'est-à-dire sur la
quantité nette de sucre qui sort de la fabrique-raffinerie. (Très-
bien ! très-bien !)

Pourquoi donc deux poids et deux mesures? Parce que je
suis fabricant-raffineur dans le Nord et que ma fabrique touche
à une raffinerie, je suis exercé, et mon voisin, qui achète mon
sucre, et qui est proprement dit raffineur, n'est pas exercé.
Vous avez l'exercice, pourquoi nous dire que vous ne l'avez
pas? A l'heure qu'il est, vous l'exercez en France, et je vous
demande pourquoi, favorisant les uns au détriment des autres,
vous appliquez aux raffineurs un système qui leur donne des
bénéfices considérables, alors que les fabriques-raffineries sont
exercées. C'est vouloir faire disparaître la fabrique-raffinerie, qui
n'a pas les mêmes avantages. Est-ce qu'on peut aujourd'hui ex-
poser un sucre qui est sorti d'une fabrique-raffinerie? C'est impossible, puisqu'il se trouve en présence du sucre des raffineurs,
qui a reçu la prime résultant de l'excédant de rendement.

Mais, dit-on, vous ne pouvez pas établir l'exercice, parce que
la convention s'y oppose. La convention ne s'y oppose pas; elle
ne s'y oppose pas pour les fabriques-raffineries qui sont exercées. Le nombre des fabriques-raffineries s'amoindrit tous les
jours, et les primes sont telles en faveur des raffineries proprement dites, qu'il n'y a plus de concurrence possible pour nos
usines agricoles.

Je demande que l'on vienne dire que l'agriculteur, que le
fabricant de sucre, seront aussi bien traités que le grand raffineur; je demande que vous n'ayez pas une loi appliquée
d'une façon aux uns, et appliquée d'une autre aux autres. Si
vous ne voulez pas exercer les raffineries, n'exercez pas les
fabriques-raffineries: laissez prendre aux fabricants-raffineurs
leur part dans les caisses du Trésor, et alors ils pourront entrer
en lutte avec les raffineries proprement dites. C'est une inéga-

lité, une injustice qu'un gouvernement honnête et loyal ne peut tolérer plus longtemps.

Je m'arrête, Messieurs; je crois en avoir assez dit. L'exercice est pratiqué dans notre pays; ce n'est pas une nouveauté.

Je demande donc que le Gouvernement soit prié, avant le 1er avril prochain, d'en avoir fini avec toutes les conventions. Ce n'est pas une question nouvelle à étudier, il s'agit de savoir si, oui ou non, on veut l'exercice; il faut que le Gouvernement ait une opinion. S'il ne veut pas l'exercice, qu'il le dise, et alors je vous demanderai la permission de remonter à cette tribune pour combattre cette opinion.

Si le Gouvernement dit : « Nous sommes disposés à faire

Il est impossible, à la tribune, d'expliquer à l'Assemblée, qui ne le connaît pas, le régime des fabriques raffineries qui sont des établissements dont l'industrie est *absolument différente* des raffineries libres. Aussi, M. Pouyer-Quertier, profitant de cette ignorance bien concevable de l'Assemblée, l'entraîne par un argument qui n'est qu'une simple ressemblance trompeuse entre deux désignations tout à fait différentes.

Je répondrai simplement comme sachant *par expérience* ce que c'est qu'un fabricant raffineur, que la fabrique raffinerie est une industrie *privilégiée*, le mot n'est pas de moi, mais des membres de l'Administration qui connaissent les détails de la question que je ne puis traiter ici à fonds et que je demande à réserver pour le moment.

Les fabriques raffineries qui produisaient 9 millions en 1869 (1) et 7 en 1873 (2), tandis que la raffinerie libre raffine près de 450 millions, ne se développent pas, malgré les avantages que la loi leur fait, parce qu'elles sont fatalement condamnées, par leur *industrie* même, à être très-*petites* comme *raffineries,* même quand elles sont énormes comme *fabriques,* ce qui est une cause presque absolue d'insuccès. De même l'exercice n'y rencontre pas du tout les mêmes difficultés que dans les raffineries libres.

Je me contenterai, pour cette fois, d'opposer mes affirmations à celles de M. Pouyer-Quertier, tout prêt à les prouver en temps et lieu.

(1) *Journal officiel* du 13 septembre 1870.
(2) *Journal officiel* du 23 septembre 1869.

cette application ; nous la trouvons juste et productive, » et si l'on nous dit le jour, la date où l'on doit la réaliser, nous verrons si nous devons être satisfaits.

Quant à moi, je n'abandonnerai jamais la défense de cette cause, qui est celle du Trésor, de l'agriculture et de la justice.

Entre l'impôt sur le sucre et l'impôt sur le sel, je n'hésite pas, bien qu'ils retombent l'un et l'autre sur l'agriculture. Mais je dis que vous n'avez besoin que de seize millions et demi pour remplacer l'impôt sur le sel ; je demande donc l'exercice sur les raffineries, qui remplacera, pour le Trésor, l'impôt sur le sel et l'impôt sur le sucre. Si vous votez cet amendement, M. Germain retire son amendement, et il n'est plus question d'impôt nouveau, ni sur le sel ni sur le sucre. Et qu'il n'y ait pas de méprise, Messieurs, je ne veux pas, plus que qui que ce soit, de l'augmentation de l'impôt du sucre, et je veux éviter, presque à tout prix, l'impôt sur le sel. (Très-bien ! très-bien !)

Je ne vous engage pas dans une impasse. Vous pouvez passer, et je suis sûr que le succès est au bout de vos efforts. (Très-bien ! très-bien ! et applaudissements répétés sur un grand nombre de bancs.)

(L'orateur, en descendant de la tribune, est entouré par un grand nombre de ses collègues, qui se pressent autour de lui pour le féliciter.)

Je constate que nous sommes arrivés à la fin du discours de M. Pouyer-Quertier, et qu'il n'a pas fait *un* calcul, même *faux*, pour justifier, même très-approximativement, le déficit de 20 millions.

Quand on vient de voir comment est vrai ce qu'il prétend prouver ; comment sont exacts les documents qu'il prétend lire, on peut se demander ce que doit être l'affirmation la plus énorme de son discours, quand il est impuissant (lui qui ne s'embarrasse pourtant pas aisément, en fait de preuves) à en essayer la démonstration.

DEUXIÈME DISCOURS

M. Pouyer-Quertier. — Messieurs, je remercie M. le Ministre du commerce de sa courtoisie, seulement, j'avoue qu'après ce qu'il vient de dire à l'Assemblée, il m'est bien difficile de comprendre comment nous sommes tellement d'accord sur tous les points de la question que j'ai posée hier, à cette tribune, et c'est précisément pour arrêter définitivement les points sur lesquels nous sommes d'accord et ceux sur lesquels nous différons, que je demande encore à l'Assemblée quelques instants de sa bienveillante attention, pour préciser l'état de la question. (Parlez ! Parlez !)

J'ai demandé hier, à l'Assemblée, d'accepter le principe de l'exercice, dont l'application pourrait avoir lieu, dès le 1er avril prochain. J'ai affirmé à l'Assemblée que la mise en pratique de ce système ferait immédiatement disparaître tous les bonis, tous les excédants dont vous a parlé M. le Ministre du commerce.

Ces excédants croissent chaque jour, comme un arbre trop vigoureux ; ils ont passé successivement, selon lui, de 2 à 3, de 3 à 5, de 5 à 7, et enfin, de 7 à 9 millions ;

M. Pouyer-Quertier cite ; donc je vérifie, et je trouve, au *Journal officiel*, que les chiffres qu'il énonce, en les attribuant à M. le Ministre du commerce, n'ont nullement été *prononcés par lui !*

En somme, M. le Ministre (*Journal officiel* du 27 février, page 1552, 3e colonne) a cité simplement, sans se prononcer, et sans commentaires, deux chiffres :

L'un, de 8 millions, résultant du rapport d'un inspecteur des finances ;

quant à moi,
je les évalue de 18 à 22 millions, et, comme je l'ai dit à
l'Assemblée, il y a un fait qui domine toute cette discussion :
c'est la valeur de tel sucre et la valeur de tel autre. Pourquoi
le sucre que nous appelons du 7/9, c'est-à-dire qui est au-dessus de 7 et au-dessous de 9, est-il plus cher, dans le commerce, que le sucre censé plus riche? C'est parce qu'il renferme en lui-même, une richesse plus grande que celle qu'on
lui attribue d'après sa couleur. Ce n'est pas parce qu'il est
blond ou brun, mais uniquement parce qu'il fait rentrer dans
la caisse du raffineur qui l'achète, un bénéfice plus considérable.

Pourquoi se paye-t-il plus cher? Parce qu'il est plus riche.
Dès lors, il devrait donc payer le plus d'impôt; or, il paye
moins.

Prenez la différence et vous trouverez qu'il y a 4 francs par
100 kilogrammes, sur tous les sucres de 52, qui sont en réalité à 56, parce qu'ils ont la faveur des admissions temporaires et qu'ils permettent de toucher des primes.

L'autre, de 1,200,000 francs, admis par M. Guilmin.

Je ferai remarquer que le chiffre de 8 millions est le résultat de deux erreurs constatées :

1° M. l'inspecteur, opérant pour l'année 1871, avait pris pour chiffre des droits, ceux qui ne s'appliquaient qu'à une partie de l'année, à cause du changement survenu en 1871. (Voir discussion du Conseil supérieur, tome 1, pages 573, 574, 586 et autres);

2° M. l'inspecteur a fait une confusion résultant du double régime; résultant de la loi de consommation et de celle d'exportation, qui sont différentes, et dont la différence disparaîtrait dans la loi de corrélation, qui devrait être votée depuis longtemps. C'est un point difficile à saisir, sans de longs développements; outre la discussion qui a eu lieu à ce sujet dans la Commission d'enquête, on peut lire à ce sujet le rapport imprimé de M. Amé, directeur général des douanes, à M. le Ministre des finances, en date du 12 août 1872, page 33.

Voilà pourquoi ces sucres ont une plus grande valeur que des sucres plus blancs et plus fins, mais qui ne donnent pas lieu à des primes aussi importantes. (Très-bien ! Très-bien !) Il y a un autre fait commercial.

Les sucres sont mis en entrepôt et ils donnent lieu à des certificats d'admission temporaire et de sortie. Si ces sucres ne contenaient que la valeur exacte sur laquelle ils payent le droit, s'il n'y avait pas un avantage, les certificats vaudraient juste le droit qui est appliqué aux sucres. Mais alors, pourquoi ces certificats, qui ne devraient valoir que 70 francs, chiffre du droit, se vendent-ils 76 francs ?

Sur la place de Paris aujourd'hui, vous le constaterez dans les journaux spéciaux de l'industrie des sucres, les certificats qui ne représentent que 70 fr. valent 76 fr. Pourquoi ! Parce que, en les payant 76 fr. on gagne encore 2 à 3 0/0. (Très-bien ! très-bien !)

Eh bien, quand vous avez des preuves topiques de cette nature, quand vous voyez acheter des sucres bas plus cher que les sucres fins, quand vous voyez des certificats de sortie donner lieu à un trafic — je dis le mot — qui fait qu'ils se vendent plus cher parce qu'ils donnent lieu précisément à toutes ces primes, je dis que vous ne pouvez pas nier qu'il y ait des excédants considérables.

C'est une chose absolument inexacte ; comme je l'ai expliqué plus haut, ce n'est vrai que pour les cas limités. (Voir   .)

Pour répondre à ce fait *commercial*, il suffit de remplacer le chiffre de 70, de M. Pouyer-Quertier, par celui de 76.23 qu'il admet plus haut, voir page   ; son argumentation tombe à l'instant.

Ce chiffre de 76.23 est en effet celui qui est admis par le tarif conventionnel avec les puissances contractantes, comme représentant le droit payé par les exportateurs français et qui leur est remboursé à l'exportation ; ce tarif conventionnel est l'exécution de l'article 13 de la convention ainsi conçu : (1)

« ART. 13. — Les droits à l'importation sur les sucres raffinés en
» pains et sur les poudres blanches assimilées aux raffinés, importés

---

(1) Tome II de l'enquête 1872, page 8.

Messieurs, je l'ai déjà dit, je le répète : s'il n'y avait pas eu ces énormes primes sur les excédants, pourquoi notre industrie sucrière, qui marchait de l'avant, qui faisait des progrès tous les jours pour arriver à livrer à la consommation et à l'industrie les sucres blancs, comment aurait-elle fait un énorme pas en arrière, comment serait-elle arrivée à fabriquer les sucres les plus sombres possible ? Les aurait-elle fabriqués si elle n'y avait pas trouvé un grand profit ?

» d'un des pays contractants dans l'autre, ne seront pas plus élevés
» que le draw-back accordé à la sortie du sucre mélé. »

Quant au *trafic* des certificats, c'est une question qui, à la tribune, est nécessairement très-embrouillée, et qui, par conséquent, séduit M. Pouyer-Quertier. Nous nous bornerons à dire :

1° Qu'il est légalement autorisé, parce qu'il offre des facilités au commerce d'échange sans aucun abus pour le Trésor ;

2° Qu'il disparaîtrait avec la loi de corrélation ;

3° Et réservant le détail de cette question trop compliquée pour être traitée à fond dans ce travail. Je me bornerai à citer les paroles de M. Tesserenc de Bort, séance du 27 décembre 1873 (*Journal officiel* du 28 décembre 1873, page   , colonne   ), en insistant sur la loi de corrélation :

« Elle fera cesser le trafic des certificats de sortie qui, s'il est inno-
» cent des méfaits dont on l'a accusé, a du moins le défaut de beau-
» coup obscurcir la question pour les personnes qui n'ont pas une spé-
» cialité dans la matière » (1).

C'est absolument le contraire qui est exact.

En 1868-69, on a fait 55 millions de poudres blanches sur 230 millions, soit 23,9 0/0 (2).

En 1872-73, 113 millions sur 430, soit 29 0/0 (3).

En 1873-74, fin janvier, (campagne non encore achevée) 47 0/0 ! !

---

(1) Voir à la fin un exemple relatif à l'échange des certificats.
(2) *Journal officiel* du 23 septembre 1869.
(3) *Journal officiel* du 13 septembre 1873.

Comment est-on arrivé dans notre industrie sucrière, qui faisait 25 millions de sucre de basse nuance, à en faire jusqu'à 180 millions en 1872 ? C'est parce qu'on y trouve un grand profit, et c'est précisément ce profit, ou tout au moins les droits qu'on devrait payer sur ce profit, que je veux faire rentrer dans la caisse de M. le ministre des finances.

M. le ministre des finances me disait hier : « Vous avez dit que je croyais que l'exercice était une bonne chose ; vous auriez dû dire que je sais que c'est une bonne chose... Oui, c'est une chose indispensable, ajoutait M. le ministre des finances, car, sans l'exercice, nous n'arriverons jamais ! jamais ! jamais ! à la vérité. »

Je respecte les sentiments de M. le ministre des finances ; je sais combien il est soucieux des intérêts du Trésor et, par conséquent, quand il est convaincu lui-même que l'exercice seul doit faire rentrer dans les caisses du Trésor tout ce qui lui appartient, je dis qu'il n'y a plus de raison pour ne pas défendre *per fas et nefas* ce système, qui est la justice même ... (Rires.)

M. Paris (Pas-de-Calais). — *Per fas*, oui ! mais *per nefas*, non ! (Nouveaux rires.)

M. Pouyer-Quertier..... — Ce système, qui doit faire rentrer dans les caisses du Trésor toutes les sommes qui lui appartiennent.

Arrivons à notre exportation des sucres.

L'exportation des sucres, qui a été déclarée en admission temporaire est de 172 millions de kilogrammes qui donnent lieu, —

contre 34 0/0, même période de la campagne précédente (1). Et les sucres bas sont en diminution. (Voir page .)

Voilà les renseignements que M. Pouyer-Quertier donne à l'Assemblée.

Ce chiffre n'a aucun sens. (Voir du reste, sur ce sujet, page   , lettre .)

Noter ceci.

_____

(1) *Journal officiel* du 13 février 1874.

je ne veux pas prendre 10 à 12 0/0, mais seulement 6 0/0 de différence directe sur le rendement des sucres, — qui donnent lieu à un produit de 50 millions 1/2 de kilogrammes, sur lequel les droits échappent au Trésor.

Mais il y a là un autre système, — j'en ai déjà parlé, mais il faut que j'en parle encore, parce que ces détails ont pu sortir de votre pensée, — il y a un autre système qui consiste en ceci : quand on fait une expérience sur les sucres, on ne trouve pas seulement du sucre, on trouve des cendres ; or on a adopté pour chaque gramme de cendre, le coefficient 5, qui est énormément trop fort ; de sorte que, si un sucre a 2 0/0 de cendres, on réduit 10 kilogrammes sur la richesse des sucres. Ainsi un sucre coté à 96 kilogrammes est réduit, d'après ce système et à raison des cendres, à 86 kilogrammes.

Messieurs, il y a là encore une erreur de 4 0/0 qui se transforme pour les raffineurs en un bénéfice certain.

Outre les sucres raffinés exportés, il y a les sucres raffinés livrés à la consommation intérieure. Sur ces derniers, il y a un excédant de 2, 3 et 4 0/0, suivant les classes. Vous arrivez, d'après le cours et la valeur commerciale, à un total de 26 à

Je ne comprends pas ces chiffres ; comment 6, 10, 12 pour cent sur 172 millions font-ils *50 millions ; mon arithmétique* me donne :

10,200,000 pour 6 0/0 ⎫
ou 17,200,000 pour 10 0/0 ⎬ au lieu de 50 millions.
ou 20,400,000 pour 12 0/0 ⎭

Et puis, sur quoi se fonde-t-on pour prendre 6, 10 ou 12 pour cent *sur tous les sucres ?*

Ces détails techniques, qui sont présentés avec une exactitude absolue, n'ont aucun intérêt, puisque l'État ne perçoit pas sur le saccharimètre.

Ce serait au plus une affaire entre acheteur et vendeur ; or, le commerce qui sait ce qu'il fait, admet comme suffisamment pratique le coefficient 5 depuis le point le plus haut jusqu'au point le plus bas de l'échelle.

27 millions de sucres qui passent dans la consommation française sans payer un *iota* (on rit), je veux dire un centime à l'État.

Voilà ce que j'avais à dire sur le rendement.

M. le Ministre du commerce a bien voulu reconnaître que le système de l'exercice était le plus juste, le plus simple, le plus exact; cependant il y a dans la science des appareils au moyen desquels, dit-il, on peut se rendre compte et, à très-peu de chose près, de la valeur saccharine des produits.

Je suis étonné que M. le Ministre du commerce n'ait pas trouvé dans les dossiers du ministère une analyse qui a été faite sur les ordres de son prédécesseur. Ce document, assurément, doit être dans les bureaux du ministère, et les résultats qu'il constate lui donnent complétement tort.

Cette analyse a été faite, le 23 mai 1873, par des hommes très-distingués, entre autres par M. Le Chatellier, qui a été le rapporteur des diverses opérations, et ces messieurs, avec leurs expériences saccharimétriques, faites sur la demande du Ministre, sont arrivés, suivant qu'ils ont opéré, soit avec le procédé de Schweilger, soit avec le procédé Dumas, soit avec d'autres encore et sur une même qualité de sucre, à des résultats dans lesquels les rendements varient entre 54 et 81.

Affirmation absolument inexacte.

Les sucres raffinés, produits directement, paient . . . Fr. 73 02

Les sucres bruts employés dans les raffineries, paient :

1° Les blancs. . . . 70 20, supposant un rendement de 96 02 0/0

2° Les sucres 13 à 20 68 64,   —   —   94   0/0

3° Les sucres au-dessus de

13, quelque bas qu'ils soient,

paient fr. 65 52 . . . . . .   —   —   89 75 0/0

Où M. Pouyer-Quertier peut-il voir qu'à ces taux il y ait des excédants possibles ?

Aussi, il glisse et se borne à tirer des conséquences, qui ne se rapportent en rien à ce qu'il vient de dire.

De sorte, Messieurs, qu'on passe pour le même sucre, avec le système si parfait de l'analyse chimique avec l'analyse de la saccharimétrie, de 54 kilog. à 81 kilog. Cela ne fait que 25 kilog. de différence. Vous comprenez que si l'on pouvait les sauver au Trésor, ce serait encore plus beau que ce qu'on fait aujourd'hui ! (Approbation et rires sur plusieurs bancs.)

Les analyses faites sur le sucre de betterave ne donnent pas autant de différences, mais elles en donnent encore de considérables. D'ailleurs, il y a là des différences énormes dans les appareils, et, comme le disait notre honorable président, dont j'ai invoqué hier le témoignage, il est très-difficile, quand on a de la peine à voir les couleurs, de distinguer les nuances dans le saccharimètre ; or, il ne s'agit pas de couleurs, il faut voir les nuances et les analyser complétement pour être certain d'arriver à l'exactitude du saccharimètre, s'il était exact.

Ainsi, vous voyez que tous ces systèmes, devant lesquels les expériences réelles ont échoué, sont à rejeter par le Gouvernement.

Voici un point que nous recommandons à l'attention spéciale des personnes de bonne foi, d'autant plus que M. Le Chatelier, étant malheureusement mort, ne répondra pas à M. Pouyer-Quertier.

M. Le Chatelier était rapporteur d'une Commission administrative chargée d'examiner divers moyens d'analyse des sucres bruts et de les comparer au procédé saccharimétrique ordinaire, employé par le commerce, et sur lequel s'achète annuellement près de 250 à 300 millions de kilogrammes des sucres des richesses *les plus diverses*.

Or, le rapport de M. Le Chatelier conclut en ces termes (page 5 de son rapport imprimé au comité consultatif des arts et manufactures) :

« Nous nous bornons donc à proposer au comité de répondre à M. le
» Ministre qu'il n'est pas en mesure de lui signaler, pour corriger les
» imperfections du système des types, des procédés plus pratiques et
» plus rapides que les moyens saccharimétriques en usage. »

Ce sont précisément ces derniers dont parle le ministre, qui sont en usage dans les expertises et que recommandent les chambres de commerce des ports, composées de négociants et d'industriels pratiques.

Oh ! sans doute, quand un commerçant achète des sucres il les classe au saccharimètre, il les estime d'après son saccharimètre ; il sait que celui-ci est plus riche que celui-là ; mais il n'a le rendement définitif que dans la chaudière, et, s'il s'aperçoit qu'il s'est trompé avec son saccharimètre, il dit : La prochaine fois il faudra prendre telle mesure pour avoir le rendement véritable. Mais vous, État, est-ce que vous aurez le rendement véritable des sucres qui seront entrés dans chaque machine ? Mais vous n'en saurez rien... Vous n'avez qu'une bonne machine, c'est l'exercice... (On rit.), et c'est celle-là qu'il faut employer.

Vous avez dit : M. Pouyer-Quertier n'aime pas l'exercice pour les tissus.

Non ! j'étais partisan, — et j'ai été certainement un des promoteurs d'un système qui ne plaisait pas non plus à tout le monde, et je m'en suis bien aperçu par les discussions

Quant aux chiffres 54 et 81 que M. Pouyer-Quertier donne comme pouvant exister, selon le système que l'on emploie, il a soin de ne pas dire que cette anomalie vient de ce qu'un des deux systèmes, celui qui a donné le chiffre 81 (page 19) a été reconnu comme complétement inacceptable (page 3).

En outre, la conférence internationale de 1873 a admis, à l'unanimité, trois systèmes (annexes A, B, C) (1), qu'elle recommande comme suffisamment exacts, non pour percevoir *rigoureusement* les droits, mais pour écarter les cas de richesse *exceptionnelle* (comme le sucre *voisin* de M. Pouyer-Quertier, dont il a produit des fioles), ce qui est bien différent.

Pour le dire en passant, ce ne sont pas les raffineurs, mais les fabricants, auteurs de ces fraudes, légales ou non, qui s'opposent à ces corrections ; le Gouvernement français a passé outre pour ce qui regarde les expertises, et il a bien fait.

Ceci est un véritable roman ; ce sont les experts du commerce qui, selon des règles *invariables*, apprécient contradictoirement les rendements servant de bases aux factures.

---

(1) Pages 95, 96, 97, 98 du compte rendu officiel des conférences de 1873.

auxquelles il a donné lieu ; — je l'ai soutenu et je l'ai défendu.

Un membre à gauche. — Et le drawback !

M. Pouyer-Quertier. — Et le drawback aussi, si vous voulez ! (Rire général.)

Mais je vous ait dit et vous avez été d'accord avec moi, — M. le Ministre des Finances l'a exposé de la manière la plus claire ; — je vous ait dit que nous avions étudié les moyens d'appliquer l'exercice sur à peu près 150,000 ou 200,000 ateliers en France, et que nous y avions renoncé parce que l'application de cette mesure était impossible. Mais ici la question est plus simple : alors que vous exercez déjà 521 fabriques de sucre, parce que voulez et pouvez savoir la vérité sur leur production réelle, pourquoi n'exerceriez-vous pas les raffineries, qui sont au nombre de 25 à 30 ? (Nombreuses marques d'approbation.) Pourquoi deux poids et deux mesures? Au fond, c'est la même industrie, seulement l'une est plus grosse que l'autre.

Oh ! oui, les raffineurs ont le bonheur de payer 50 millions à l'État par an ! Oh ! oui, 50 millions d'impôts, j'en conviens ! mais ils recueillent pour le Trésor ces 50 millions comme vos receveurs généraux reçoivent pour vous des milliards, et c'est au même titre qu'ils les versent au Trésor. Vous leur avez bien fait une petite faveur, grâce à laquelle je ne crains pas qu'ils désertent et s'en aillent installer leurs usines à l'étranger, en Angleterre ou ailleurs. Vous faites crédit aux raffineurs de ces 50 millions pendant quatre mois ; or, comme les raffineurs de France ont, à l'heure qu'il est, 170 à 180 millions à

Cet argument a de la valeur, *quand on ne sait pas que* ces industries, sous des noms analogues, sont absolument différentes entre elles. C'est une question qu'on ne peut développer devant l'Assemblée, sans une étude spéciale et préalable, sous peine de l'induire en erreur.

payer à l'État, qui leur en fait crédit pendant quatre mois ; c'est, si je compte bien, 58 millions de crédit que l'État leur fait.

Faites le compte des frais de leur industrie, et vous verrez qu'il ne leur en faut pas tant pour faire marcher leur industrie, du moment qu'ils ont créé leur établissement ; une fois que leur industrie est établie, ils travaillent avec les fonds du Trésor ; c'est l'État qui fournit le fonds de roulement de toutes les raffineries de France.

Dans le discours du 19 janvier 1872, où M. Pouyer-Quertier, ministre des finances, traitait, avec tant de *compétence* la question des matières premières, au point de vue des diverses industries, de celles par exemple que le coton intéresse, il dit que l'Etat accorde plusieurs mois de crédit aux raffineries. Aujourd'hui, il dit 4 mois ; c'est bien effectivement 4 mois.

Voici ce qui se passe :

Légalement, tous les droits de douane, et ceux sur tous les sucres sont payables :

Ou au comptant, avec escompte de un pour cent ;

Ou à 4 mois, en renonçant à l'escompte, souscrivant une obligation à 4 mois (timbrée proportionnellement) avec une caution *agréée* par l'Administration ; on paie en outre 1/3 pour cent au receveur des douanes ou des contributions indirectes.

Ce n'est donc pas un privilége dont jouit la raffinerie; elle règle le droit, bien avant de mettre ses produits en circulation, dans les mêmes conditions que le marchand de café, ou le fabricant raffineur, ou le fabricant de sucre blanc, qui ne règlent qu'au moment de mettre en consommation.

Quand au chiffre du crédit, il est proportionnel à l'importance des acquittements, selon qu'on acquitte cent sacs ou dix mille sacs de café, un million ou dix millions de sucre.

L'énormité du chiffre est en rapport avec l'énormité des acquittements et la solidité du redevable et de ses cautions.

En outre, l'État a le privilége le plus complet sur tout ce que possède le débiteur, et personne n'offre plus de garanties à ce sujet qu'un industriel qui a forcément, en cours de travail, des produits d'une valeur certaine et qui représentent à peu près ce qu'il doit.

16

Cela est si vrai, Messieurs, que lorsqu'il se produit une catastrophe dans la raffinerie, l'État est atteint. Le raffineur a une caution, c'est vrai ; mais si la caution n'est pas suffisante, l'État perd absolument ses avances et se trouve compris au nombre des créanciers de la faillite. M. le Directeur des douanes ne me contredira pas, et je puis lui rappeler ce qui s'est passé à Marseille.

M. le Ministre du commerce vous disait tout à l'heure : « Mais, Messieurs, il ne faut pas croire que la raffinerie soit une industrie si brillante ; il y a des raffineries qui ont fait faillite au Havre, à Honfleur, à Marseille ; il y a des raffineurs qui, malgré les avantages qui leur sont faits, ont eu de mauvaises affaires, et leurs créanciers ne sont pas payés. »
Messieurs, l'argument aurait quelque valeur si tout était raffinerie dans les opérations d'un raffineur ; mais il n'en est pas ainsi. Un raffineur est non-seulement raffineur, il est aussi acheteur de sucre ; il peut acheter dix fois plus de sucres qu'il n'en saurait revendre, et perdre 10 à 20 pour 100 sur cette opération ; c'est de la spéculation, et, s'il se ruine de cette manière, ce n'est pas en raffinant, mais en spéculant sur les sucres, et sur des sucres qui ne sont pas nécessaires à son industrie. (Très-bien !)

Vous voyez bien, Messieurs, que ce ne sont pas des raisons bonnes qu'on nous donne quand on dit qu'il y a des raffineries qui ne gagnent pas d'argent. Je ne reproche pas aux raffineurs de gagner de l'argent, s'ils acquittent la totalité des droits qui sont dus au Trésor. C'est leur affaire ; qu'ils gagnent de l'argent,

Cette assertion est surprenante, quand on pense que l'Administration, spécialement dans les affaires de Marseille, n'a jamais perdu un centime. Consulter à ce sujet M. le directeur général des douanes, mais non, comme le fait ici M. Pouyer-Quertier, dans des conditions où il lui est interdit de parler.

Voilà des assertions que je ne puis discuter avec convenance; il faudrait citer des noms.

beaucoup d'argent, car ils courent des risques; que Dieu les protège et leur donne beaucoup de bénéfices! (On rit.)

Comme je vous l'ai dit, messieurs, les raffineries sont peu nombreuses et elles font de belles affaires. Il a été déclaré, dans la commission du budget, que des raffineurs gagnaient 2,800,000 francs à 3 millions par an; c'est là un très-beau résultat, et comme ces messieurs gagnent cet argent en France, je ne crois pas qu'ils soient tentés de passer le détroit pour savoir s'ils gagneraient les mêmes sommes en Angleterre; et s'ils y obtiendraient la même situation privilégiée de l'autre côté de la Manche.

Quand on parle des raffineries des ports, il faut remarquer qu'il ne s'agit plus de la même industrie. Les raffineries des ports, à Marseille, ne font pas beaucoup de sucre de betteraves; je n'ai pas entendu dire qu'il en passât beaucoup sur le chemin de fer de Paris - Lyon - Méditerranée pour aller à Marseille. L'honorable M. Benoist d'Azy pourra me dire si je suis bien renseigné. On y raffine les sucres exotiques, les sucres coloniaux.

Notez, messieurs, que l'exercice que nous proposons aura pour les ports de mer un immense avantage : c'est qu'au lieu de pouvoir y porter tous les sucres de France, vous pourrez y porter tous les sucres du monde que vous ne pouvez pas y faire entrer aujourd'hui. Cela est clair pour toutes les personnes qui connaissent ce commerce.

Un membre. — Les sucres terrés !

M. Pouyer-Quertier. — Oui, les sucres terrés, tous ces sucres viendront; ils ne peuvent pas entrer dans vos ports; c'est un fret qui manque à nos navires; vous le leur assurerez par l'exercice; il n'y aura pas de droits sur les sucres bruts, mais sur les sucres raffinés.

Ce n'est *malheureusement* pas un fait qui me soit personnel, et il est inutile que j'en parle.

Il va énormément de sucre indigène à Marseille.

On parle de l'intérêt de la navigation dans cette question.
Je suis tout aussi attaché aux intérêts de la marine que qui
que ce soit, je suis tout aussi soucieux de son avenir, mais
qu'avez-vous fait en laissant grandir les excédants dans une
forte proportion ? Le résultat a été de réduire l'exportation du
sucre. Je ne veux pas parler seulement du sucre raffiné ; il faut
que je fasse le total du sucre brut et du sucre raffiné. Vous avez
augmenté de 12,000 tonnes l'exportation du sucre raffiné, mais
vous en avez perdu 28,000 sur le sucre brut, et j'aime mieux
que nos navires transportent 28,000 tonnes que 12,000 tonnes,
surtout pour les transporter en Angleterre, car les sucres raffinés
et les sucres bruts ont été en Angleterre.

Eh bien, chaque année vous perdrez pour l'exportation des
sucres bruts, et vous gagnerez peut-être quelques sucres raffinés.
Mais il est évident que, plus vous laisserez à notre grande industrie agricole le soin de se développer, que plus vous lui
laisserez ses débouchés, moins vous la mettrez sous les fourches
Caudines de la raffinerie française, la seule qui profite des
excédants aux dépens du Trésor et de l'agriculture ; plus, ce
jour là, vous serez portés à dire que vous avez fait un acte légitime, un acte de justice qui doit porter les plus heureux
fruits dans le pays, qui doit sauvegarder aussi bien les intérêts
du Trésor que les intérêts de l'agriculture. (Très-bien ! très-
bien.)

J'arrive maintenant à la convention. (Mouvement.)

M. le Ministre du commerce vient de me dire que l'exercice,
nous n'avions pas le droit de l'établir parce qu'il violait la convention. Je lui réponds ceci : Vous violez la convention, et
l'exercice ne la viole pas. Lorsqu'on a fait cette convention, en
1864, vous avez exposé vous-mêmes et vous avez dit que c'était
pour empêcher les primes et les excédants qui arrivaient dans

Voir plus haut (page   ) l'opinion des chambres de commerce des ports.

chaque pays, pas suite de l'élévation du droit, dans une proportion plus ou moins grande. Ce qu'on a voulu, en 1864, c'est d'éviter toute prime résultant des excédants. Qu'est-ce que fait l'exercice ? L'exercice établit précisément, comme on vous l'a dit tout à l'heure, qu'il ne peut y avoir d'excédants, qu'on a la réalité, qu'on a la vérité; et que, par conséquent, la loi de corrélation est toute faite, puisque vous avez l'exactitude, la vérité dans le sucre raffiné, et que vous ne pouvez pas avoir d'excédants ni de primes.

Vous vous conformez donc aux termes mêmes de la convention, et rien, rien ne peut changer ces termes aujourd'hui.

Mais il y a une autre chose dans la convention. Il a été dit dans la convention que le sucre serait estimé d'après les types. Soit : quand vous acceptez le système des types, je le veux bien ; mais alors acceptez-le tout entier et ne l'acceptez pas le jour où il vous fait plaisir et ne le rejetez pas demain.

Comment ! vous vous croyez autorisés aujourd'hui sur les types, à dire : Voilà un sucre qui est brun, mais il a un grain très-beau, il a des cristaux très-gros, c'est un sucre d'une riche cristallisation, et, quoiqu'il soit brun, je vais le faire passer dans une classe supérieure, moi Gouvernement. Non, vous n'avez pas fait de réserve dans la convention à cet égard ; les réserves dont vous me parlez n'ont été approuvées ni par la commission ni par personne. (Interruption au banc des ministres.) Je vous parle de la convention de 1864 et de 1865, et je soutiens que l'on n'a pas le droit de lier ce pays et de lui dire : Vous êtes lié, vous n'avez pas le droit de toucher à vos types. Et tout cela se passe entre le délégué du Ministre des Finances et le délégué du Ministre du Commerce avec les puissances étrangères.

Non! non! non! non! nous ne nous laisserons pas prendre à cela. (Rires et applaudissements.) Tout ce qui concerne l'impôt, les finances, doit être soumis à cette Assemblée ; et vous

n'avez pas le droit de prendre des engagements sans son assentiment. Je ne reconnais rien des conventions qui sont faites, si ce n'est quand il s'agit de règlements pour l'application de tel ou tel système; mais, comme base d'impôts, jamais.

Je vous apporte la vérité, vous m'apportez la variation dans les types.

Ces types, dont vous aviez parlé, et pour lesquels le directeur des contributions indirectes est obligé de faire aujourd'hui des procès, parce qu'il est évident que quand on lui déclare 80 kilogrammes de sucre et, qu'en réalité, il en entre 90, 92 kilogrammes, il doit se dire : Il faut enfin défendre le Trésor, je ne suis pas là pour regarder passer toutes ces fraudes.

Que fait-il alors? il fait analyser les sucres, les fait estimer, expertiser, et le bureau d'expertise devient le juge souverain en pareille matière. Puis les raffineurs composent, on classe, on déclasse, et enfin on arrive au résultat que vous savez. (Très-bien! très-bien!)

Vous avez bien fait, lui dit-on, d'avoir l'œil ouvert pour regarder toutes ces fraudes passer; mais, puisque vous les connaissez, puisque vous avez l'expérience saccharimétrique, puisque c'est un roman à l'heure qu'il est... (on rit), pourquoi ne pas prendre un moyen efficace? Vous n'avez qu'à lire la conclusion de M. Le Chatellier, elle est très-simple et très-courte, elle consiste à dire qu'en résumé, les procédés basés sur le lavage des sucres dans les conditions indiquées

Tout ceci repose sur une équivoque ; on n'analyse que les sucres dont *l'apparence* n'est pas *comparable* aux types ; on le fait avec d'autant plus de raison qu'il s'agit de sucres faits exprès ; — dans toute expertise, on a le droit de s'éclairer quand le contribuable s'est mis exprès dans un cas particulier pour frustrer légalement le Trésor.

Encore une fois, sont-ce les raffineurs qui s'y opposent ?

par leurs auteurs, ne peuvent pas conduire à des résultats
valables, soit au point de vue du fabricant, soint au point de
vue scientifique.

Et ce sont des hommes de science qui nous disent cela! et
c'est précisément cet appareil que vous allez prendre et ce
système que vous allez adopter! mais non, on reviendra encore
vous trouver et on vous dira : Mon Dieu! quelle législation
compliquée! Ces sucres, on n'en peut pas venir à bout, ils
arrivent toujours à couler à droite ou à gauche sans qu'on
puisse les apercevoir. (On rit.) Prenez-moi l'exercice et avec
l'exercice vous n'aurez aucune fraude, ni aucune perte ; les
intérêts de nos finances seront autant sauvegardés qu'avec tout
autre système ; elles le seront même beaucoup plus. Vous
pouvez faire entrer tous les sucres que vous voudrez ; vous
pouvez exporter tous les sucres que vous voudrez ; il n'est pas
nécessaire de donner des primes aux exportateurs aujourd'hui,
pour qu'on vende sur le marché de Londres des sucres de
Paris 3, 4 et 5 francs meilleur marché par 100 kilogrammes,
qu'ils ne se vendent sur le marché de Paris.

Vous croyez que
c'est le consommateur français qui profite de ces primes : du
tout, c'est le consommateur étranger. Ah! que vous soyez
justes, rigoureux, sévères, très-bien! mais vous ne devez rien
de plus aux raffineurs de sucre. Sans doute, vous devez respecter cette grande industrie ; mais elle doit être, comme toutes
les autres, soumise à la justice, à la loyauté, à la droiture et
à l'exactitude. (Mouvements divers.)

Aussi on n'emploie pas les systèmes basés sur le lavage des sucres, mais le système saccharimétrique du commerce, admis par M. Lechatelier et aussi par la conférence internationale de 1873. (Voir page   .)

Ceci est une assertion absolument inexacte; aussi se borne-t-on à le dire sans l'expliquer; cela fait de l'effet, mais *ce n'est pas* (1).

(1 Voir la note sur les exportations de sucres raffinés.

Messieurs, je termine, et je termine en priant l'Assemblée
de vouloir bien demander au Gouvernement qu'immédiatement
des pourparlers soient entamés avec les puissances étrangères...
(Exclamations sur divers bancs.)

Un membre. — Nous ne pourrons rien faire sans elles.

M. Pouyer-Quertier. — Si, — il y a un si, — si elle les trouve
indispensables ; quant à moi, je ne les trouve pas indispensables.

L'exercice est l'essence même de la convention, parce que
c'est la vérité même et parce qu'il supprime toute fraude, et
que toutes les autres nations ne demandent que son application.

Si j'avais le droit de vous lire une dépêche que je viens de
recevoir de l'étranger, vous verriez que je ne demande que la
vérité.

Plusieurs membres. — Lisez ! lisez !

M. Pouyer-Quertier. — La voici :

« Londres, 26 février 1874.

« *M. Pouyer-Quertier. Assemblée nationale. Versailles.* »

« Il n'a pas été permis de discuter, ni directement ni indi-
rectement, à notre conférence avec M. Ozenne, qui était nécessairement obligé de se renfermer dans les questions touchant
la France seulement. Sa prétention que les raffineurs britan-
niques ne réclament pas l'exercice est donc complétement... »
Je ne dis pas le mot, mais vous le comprenez tous. (Hilarité
générale).

Suite des incidents personnels signalés précédemment. (Voyez page   .)

Je vais jusqu'au bout ; vous comprenez, Messieurs, que je ne puis pas communiquer une dépêche que le Gouvernement possède comme moi, sans en lire la totalité.

« Les raffineurs anglais demandent l'exercice et sont en instance auprès du gouvernement anglais pour en presser le plus fortement possible la prompte application.

> *Le Comité des raffineurs anglais.* »

M. le ministre. — J'ai toujours dit que l'Angleterre demandait l'exercice.

M. Pouyer-Quertier. — Les raffineurs anglais le demandent, oui ! mais pourquoi nous a-t-on laissé croire que nous étions complétement isolés en Europe ? Non-seulement nous ne sommes pas isolés en Europe, mais vous voyez que les raffineurs anglais formulent la même demande que nous, et ils ne font pas cette demande pour un moment, mais pour toujours.

Nous ne sommes donc pas isolés en Europe. Je sais bien qu'en Hollande, on vous tient le même langage ; mais je sais aussi qu'il y a un pays qui ne vous le tiendra jamais : c'est la Belgique. On dit : « La Belgique respecte la convention. » Mais je réponds : Elle la viole, et c'est son droit. Elle la viole depuis le commencement. Et c'est parce qu'un gouvernement ne respecte pas une convention et en tire tout l'avantage et le profit, que nous venons ici nous débattre pour obtenir l'établissement d'un système qui permette au Trésor de recueillir quelques ressources. Ah ! on nous oppose la Belgique, et c'est parce

Les raffineurs anglais demandent l'exercice, c'est entendu ; avec leur droit de 7,50, probablement annulé bientôt, cela ne les gênera guère, et s'ils connaissaient une mesure plus antipathique aux raffineurs français, ils la demanderaient.

Nous ne pensons pas que M. Pouyer-Quertier serait aussi chaud pour les demandes que pourraient faire les *filateurs* anglais. — Eh bien, la situation ici est fort analogue.

que la Belgique ne fait pas chez elle respecter la loi et
la convention, c'est parce qu'elle est un petit État, qu'il faudra
que la France respecte, vis-à-vis d'elle, sa parole et ses engagements, quand ce petit État viole tous les jours et ses engagements et sa parole ! Pourquoi donc voulez-vous que je
tienne compte de conventions que d'autres ne respectent pas?

Eh bien, alors, puisque vous reconnaissez que l'exercice est
indispensable, juste, légitime, que c'est là le système le meilleur pour empêcher la fraude et l'erreur, qu'il soit appliqué
par le saccharimètre, par l'analyse saccharimétrique, ou par
tout autre moyen que vous voudrez, je viens vous dire : Appliquez l'exercice !

Je demande donc à l'Assemblée d'en proclamer le principe
immédiatement, et pour le 1er mai 1874; car d'ici là, vous
avez un temps suffisant, si vous voulez engager les négociations nécessaires pour obtenir l'adoption des deux puissances
qui doivent précisément avoir le même régime que nous. Mais
vous n'en avez nul besoin ; en adoptant l'exercice, vous entrez
dans la vérité.

Les résultats qu'avait voulu atteindre la convention de 1864
ne l'ont pas été; ils ont été devancés par les progrès de l'industrie, par les modifications des procédés de fabrication, alors
complétement inconnus, par toutes les découvertes qui ont eu
lieu depuis lors.

Je vous en prie, Messieurs, ne revenons pas sans cesse sur
cette question du sucre ! (Marques d'assentiment sur plusieurs
bancs.) Qu'elle ait, enfin, une solution ! et que le pays perçoive
ce qui lui appartient; et lorsque nous sommes obligés de lui
demander des ressources par toutes sortes de moyens, par toutes
sortes d'impôts, que nous avons peine à réaliser, donnons-lui
20 millions qui sont là et que nous n'avons qu'à prendre.
(Très-bien ! Très-bien ! — Applaudissements. — Aux voix !
Aux voix !)

Répondu précédemment.

Je demande toujours le calcul des 20 millions.

TROISIÈME DISCOURS

M. Pouyer-Quertier. — Messieurs, dès le commencement de cette discussion, j'espérais bien persuader le Gouvernement que l'exercice était le seul moyen de percevoir l'impôt sur les sucres. Ce résultat, nous l'avons obtenu. Le Gouvernement, par la bouche de M. le Ministre des affaires étrangères et par la bouche de M. le Ministre du commerce ainsi que par l'assentiment de M. le Ministre des finances, reconnaît que le mode vrai, légitime, juste, loyal, de percevoir l'impôt sur le sucre, c'est l'exercice !

Nous voilà tous d'accord sur ce point :

Une seule chose nous divise, c'est la question de savoir quand nous appliquerons l'exercice, à quelle époque cette application sera possible. M. le Ministre des affaires étrangères vient de nous dire que cette application aurait lieu, au plus tôt, le 1ᵉʳ juillet 1875, jour où expireront toutes les conventions signées en 1864.

A cette déclaration, je réponds : Non ! Vous avez le droit d'appliquer immédiatement l'exercice, car l'exercice assurera l'exécution loyale, fidèle et légitime de la convention de 1864. (Dénégations sur divers bancs.)

M. le Garde des sceaux. — Mais vous niez l'évidence !

M. Pouyer-Quertier. — Messieurs, quand on a étudié ces questions de très-près, quand on a été engagé dans les affaires de son pays, on est exposé à entendre des observations très-

Voir réponse précédente. (.)

sévères, comme celles que M. le Ministre des affaires étrangères a fait entendre tout à l'heure à mon égard.

Oui, des négociations ont été entamées pour vous donner un impôt qui, si vous en jouissiez aujourd'hui, vous débarrasserait de bien des soucis et ne vous mettrait pas dans la situation de chercher ceux que nous cherchons en ce moment. (C'est vrai !)

Mais, permettez-moi, puisque vous m'avez mis en cause, de vous répondre que le négociateur que vous avez envoyé était le même que vous aviez envoyé à Londres...

M. le Ministre des affaires étrangères. — Qui, vous?

M. Pouyer-Quertier. — Le Gouvernement !

M. de Tréveneuc. — C'était celui dont vous faisiez partie!

M. Pouyer-Quertier... — Que vous aviez envoyé à Vienne, où il a obtenu le même résultat; que vous avez envoyé à Florence, où il a obtenu le même résultat.

M. le Ministre des affaires étrangères. — Qui est-ce qui l'a envoyé? Ce n'est pas le Gouvernement actuel!

M. le Ministre de l'agriculture et du commerce. — C'est vous qui l'avez envoyé à Londres!

M. Pouyer-Quertier. — Il a fait le tour de l'Europe, et partout il a échoué, Ne soutenez pas ce système, n'employez pas le même agent, ne l'envoyez pas partout avec les mêmes instructions.

M. Clapier. — C'est une interpellation au Ministre! Ce n'est plus une discussion d'impôt!

M. Pouyer-Quertier. — J'ai été interpellé, j'ai le droit de répondre au Ministre pour lui dire ce qui a fait échouer l'impôt sur les matières premières.

Au banc des Ministres. — Est-ce la faute du négociateur?

M. Pouyer-Quertier. — C'était tout à fait la faute du négociateur.

M. Henri Fournier. — Qui est-ce qui l'avait envoyé?

M. le baron Decazes. — Ce n'est pas le Gouvernement du Maréchal de Mac-Mahon qui l'a envoyé!

M. Pouyer-Quertier. — On a eu le tort de l'envoyer ...... (Réclamations sur divers bancs.)

M. le Président. — Il est inadmissible qu'on discute ici la situation d'un agent du Gouvernement qui ne peut prendre la parole pour répondre (Très-bien! Très-bien!)

M. Pouyer-Quertier. — Les Ministres sont responsables des hommes qu'ils envoient et de leurs services ministériels; et quand on vient me faire des reproches sur un fait qui s'est passé quand j'étais aux affaires, j'ai le droit de dire pourquoi les négociations ont alors échoué et pourquoi elles n'aboutissent pas. Je vous l'ai dit c'est ma conviction et vous ne me l'ôterez pas (Réclamations sur divers bancs.)

Mais la question n'est pas là.

Nous disons donc que vous voulez, comme nous, l'exercice; seulement vous dites que vous avez besoin de reprendre les négociations. Je vous ai demandé quand vous l'appliquerez. Mais ni M. le Ministre des affaires étrangères, ni M. le Ministre de l'agriculture et du commerce, ni M. le Ministre des finances,

Nouvel incident personnel à méditer sérieusement. (Voir pages .)
?

n'ont trouvé de réponse à cette objection : « Pourquoi, en France, appliquez-vous l'exercice à 521 raffineries qui tiennent à des fabriques de sucre ; en vertu de quelle loi?... » (Très-bien ! Très-bien ! et applaudissements à gauche.)

M. le Ministre des affaires étrangères. — Cela se faisait antérieurement à la convention !

M. Pouyer-Quertier. — Comment, vous exercez toutes les fabriques de sucre, et si tous les sucres de France étaient raffinés dans les fabriques-raffineries, ils seraient exercés jusque dans leur plus minime parcelle, puisqu'il ne peut y avoir au profit des fabriques-raffineries le plus léger excédant, et vous voulez maintenant, pour vingt-cinq industriels de France, pour de grands potentats... (Vives exclamations) maintenir un véritable privilége ! Comment ! vous avez déjà fait disparaître, à l'aide de ce système, un certain nombre de fabriques-raffineries, et vous voulez que nous ne défendions pas celles qui restent contre le privilége que vous accordez aux raffineries proprement dites !

Je vous demande où est votre droit? Quelle raison vous avez pour appliquer l'exercice aux uns et pour en exempter les autres? (Approbations sur plusieurs bancs.)

Quel est donc, monsieur le Ministre des affaires étrangères, l'intérêt des puissances étrangères à nous empêcher d'appliquer l'exercice? Mais ne serait-ce donc pas en leur faveur que vous l'appliqueriez, puisque c'est le moyen d'éviter les primes, d'éviter les fraudes? Que pourraient-elles vous dire? Est-ce que ce ne serait pas plus loyal et plus conforme à la justice que l'abonnement sous le couvert duquel la Belgique procure 10 ou 12 millions de primes à ses fabricants de sucre et à ses raffineurs?

M. Henri Villain. — C'est cela! c'est cela!

M. Pouyer-Quertier. — Non, Messieurs, ne vous y trompez pas, il n'y a pas de puissance qui puisse refuser de vous laisser appliquer l'exercice, car c'est surtout en leur faveur que vous le feriez!

M. Maurice Rouvier. — Vous nous faites donc une proposition en faveur des industriels étrangers. Je prends acte de la déclaration.

M. Pouyer-Quertier. — La seule préoccupation que nous avions, c'était la situation de notre propre industrie; la seule chose qui devait nous préoccuper, c'était notre industrie maritime et notre commerce d'exportation. Quant à l'étranger, il est, sauf la Belgique, partisan de l'exercice; l'Angleterre le demande, la Hollande aussi. Et vous venez nous dire que vous rencontrerez des obstacles!

Eh bien, le Gouvernement veut-il prendre l'engagement, en face de l'Assemblée, de faire des démarches, d'ouvrir des conférences immédiates, en s'y faisant représenter par des hommes dévoués?... (Vives rumeurs sur un grand nombre de bancs.)

M. Johnston. — Eh bien, désignez-les! Allez-y vous-même! Faites-vous charger de la mission!

M. Pouyer-Quertier. — J'accepte la mission si vous le voulez.

Je vous demande d'ouvrir une conférence, et le jour où vous aurez la réponse des puissances — elle peut arriver bientôt, puisque la question est étudiée depuis dix ans — et ce jour-là, vous pourrez appliquer l'exercice, sans aucune entrave, car cette réponse ne peut être qu'affirmative.

Mais, je le répète, vous êtes libres et vous pouvez, en atten-

dant, décider, dès aujourd'hui, en principe que l'exercice sera appliqué, et vous l'appliquerez, et ce sera une affaire jugée, et on ne pourra plus revenir sur cette question. (Mouvements en sens divers.)

Ceci n'est que la reproduction d'arguments déjà réfutés pages   .

APPENDICE

Extrait de l'amendement rectifié, proposé par MM. Clapier, Fraissinet, Doré, Graslin, Cheguillaume, Lallier, de la Dervenchère, députés à l'Assemblée nationale, et dont l'adoption est vivement recommandée par les délégués des Chambres de commerce de Bordeaux, Marseille et Nantes.

Modifier comme suit l'article 5 du projet de la Commission :

Toutes les fois qu'un désaccord s'élèvera entre le service des douanes ou des contributions indirectes, et les redevables, soit sur le classement des sucres d'après leur nuance, soit sur le classement des sucres qui par leur aspect sembleraient révéler une richesse supérieure à la richesse normale du type correspondant, le service et les redevables auront la faculté de provoquer l'expertise légale, instituée par l'article 19 de la loi du 27 juillet 1822, et dans ce cas, les commissaires experts pourront recourir, pour asseoir leur jugement, à la saccharimétrie optique, et à l'analyse chimique.

La richesse effective sera évaluée d'après les usages commerciaux, c'est-à-dire en déduisant du titre indiqué par le saccharimètre, les cendres calculées au coefficient de 5, et le sucre incristallisable ou glucose, calculé au coefficient de un pour les sucres de betteraves, et deux pour les sucres de canne.

Quel que soit le résultat de l'expertise, les sucres ne pourront jamais être classés dans une catégorie inférieure à celle que leur assigne leur nuance.

Ils ne pourront également être classés dans une autre catégorie supérieure, qu'autant qu'ils en atteindront le rendement légal.

10 février 1873.

20

Convention internationale.

ARTICLE 9 (1).

Les sucres dits *poudres blanches*, rendus, par un procédé quelconque, égaux en qualité aux sucres milés, recevront à l'exportation le même draw-back que ces derniers sucres, à la condition :

1° D'être assimilés, quant à la perception de l'impôt de consommation ou des droits d'entrée, aux sucres raffinés ;

2° D'être parfaitement épurés et séchés, et conformes à l'échantillon type établi par la législation actuelle de la Grande-Bretagne, lequel type deviendra obligatoire pour ceux des pays contractants qui voudraient user de la faculté prévue par le présent article.

Lettre adressée à M. le Secrétaire général du Ministère du commerce.

Paris, 12 mai 1873.

MONSIEUR LE SECRÉTAIRE GÉNÉRAL,

Vous avez bien voulu me faire savoir qu'un document signé de moi vous avait été présenté, avec prière de le mettre sous les yeux de la Commission internationale. Dans ce document j'aurais, comme expert, attribué un rendement de 86 à des sucres 7/9 indigènes, que j'étais chargé d'estimer.

Il m'est impossible d'attribuer un sens quelconque à cette *découverte*. Mais je dois, avant tout, protester contre ce procédé qui consiste à produire des documents *privés*, arrière de leurs auteurs, et qu'on n'a pu se procurer qu'à leur insu. Je vais faire faire une enquête auprès de qui de droit pour savoir qui s'est permis de communiquer, pour en faire publiquement un usage hostile contre moi, un document de comptabilité essentiellement privé, et dressé par moi pour un règlement de comptes.

---

(1) Tome 2 de l'enquête page 7. D'après cet article 9, les poudres blanches, sortant des *raffineries* françaises, sont exclues du drawback, parce que les poudres blanches des fabriques françaises jouissent d'un droit de faveur inférieur au droit des raffinés.

Ceci posé, voici l'explication toute simple que j'ai à vous donner.

J'ai été chargé, conjointement avec une autre personne, d'évaluer les sucres qui existaient au moment de l'incendie de la raffinerie Parisienne. Ces sucres ayant été détruits par le feu, nous avons dû, pour les évaluer, recourir aux renseignements écrits que nous avons pu nous procurer. Or il nous a été prouvé, par les livres, que 1220 sacs de sucre 7/9, que nous avions à évaluer se composaient de *certains lots particuliers*, dont on nous a produit les factures et les titrages, lesquels étaient, *dans ce cas*, de 86 et une fraction.

C'est donc cette base que nous avons inscrite sur notre procès-verbal, et il n'y a pas là une évaluation générale de notre part, mais la simple constatation d'un fait. En résumé, 1220 sacs 7/9 se sont trouvés titrer 86 ; il n'y a là rien d'étonnant ; dans chaque classe il y a et il doit y avoir des sucres au-dessus et au-dessous du rendement moyen de la classe.

Je vous prie de vouloir bien communiquer ma réponse à qui vous le jugerez utile et d'agréer l'expression de mes sentiments très-distingués.

CAMILLE CLERC.

1° Qui commet les fraudes légales signalées par M. Pouyer-Quertier ?

2° Qui en profite ?

La double question que je pose peut paraître indifférente, en ce sens que l'Assemblée doit peu s'inquiéter par qui le Trésor est frustré, du moment où il est frustré.

Mais je dois faire remarquer qu'au point de vue qui me préoccupe principalement, celui de répondre aux attaques inouïes dont la raffinerie française a été l'objet, il est très-important de préciser ces deux points.

1° — Et d'abord, qui commet la fraude ? Incontestablement, en fait, c'est le fabricant, qui doit vendre les sucres en question ; c'est lui qui dirige son travail, c'est lui seul qui en est responsable. Les achats se font 99 fois sur 100 sans que l'acheteur sache le nom du vendeur et ce qui lui sera livré. On peut consulter à ce sujet les courtiers assermentés des divers marchés.

J'ai donc droit de répondre, à la première question, que ce n'est pas le raffineur, mais bien le fabricant qui, dans les cas cités par M. Pouyer-Quertier, commet la fraude. C'est le *voisin* de M. Pouyer-Quertier, ce n'est pas nous (et nous lui prouverons plus bas que nous n'y avons aucun intérêt). Je vais citer maintenant quelques lettres relatives à ces cas particuliers, très-frappants, mais, je le répète, très-peu nombreux, et qui ne devraient pas échapper à la surveillance des employés de l'Administration des contributions indirectes sous les yeux desquels tout se passe.

Voici d'abord une correspondance instructive par sa date, par ce qu'elle renferme, et par le nom des interlocuteurs.

Je cite textuellement (1) :

« Paris, 21 avril 1872.

« *Monsieur Georges, président du comité central des fabricants de sucre.*
            » *A Hargival, par le Catelet (Aisne).*

« Monsieur,

« Je lis dans le journal *la Sucrerie indigène*, qui vient de m'arriver (n° 18,
» du 20 avril), que M. X..., faisant appel du jugement qui l'a condamné pour
» avoir caramélisé ses sucres, a désiré avoir l'avis du comité central, et que
» le comité central, rendant hommage à l'honorabilité de M. X..., s'associe,
» à l'unanimité, à ses efforts.

» Je n'ai nullement l'intention de suspecter l'honorabilité de M. X..., et je
» reconnais même que, dans son cas particulier, l'intention de fraude vis-à-vis
» du Trésor n'existait pas, bien que, comme acheteur, j'eusse trouvé fort
» mauvais qu'on me colorât artificiellement du sucre riche, tout en m'en
» faisant payer tous les degrés à l'acquitté.

» Mais, sur le fonds de la question, je vous ferai observer que l'appui
» donné par le comité central à M. X... serait en contradiction flagrante avec
» l'opinion formellement émise à ce sujet par les membres de ce comité au
» congrès de Bruxelles.

» Vous vous rappellerez en effet, (et cela sera constaté par la sténographie)
» que, quand cette question a été posée au Congrès, j'ai dû supprimer les rai-
» sons que j'étais en train de développer, par suite de la déclaration formelle,
» positive, que le Comité central considérait la caramélisation comme une
» fraude.

---

(1) Cette lettre et la réponse de M. Georges ont déjà été remises par moi à la commission d'enquête. (*Voir tome 1er, page 222.*)

» Je viens donc vous signaler cette contradiction qui n'est peut-être qu'une
» erreur de journal, mais sur laquelle je vous serais bien reconnaissant si vous
» aviez la bonté de me donner un mot de renseignement ; car c'est un point
» très-important, et je vous avouerai franchement que je chercherai *par tous*
» *les moyens possibles à prémunir l'Administration contre tous les* systèmes
» de coloration artificielle qui présenteraient à mes yeux, comme celui-ci, un
» caractère frauduleux.

Veuillez recevoir, etc... .

» *Signé :* CAMILLE CLERC,

» 22, rue de la Chaussée-d'Antin. »

Voici la réponse de M. Georges :

« Hargival, 22 avril 1872.

» MONSIEUR C. CLERC,

» Je vous fais adresser sur votre demande le bulletin n° 21 du Comité cen-
» tral, où est rapportée la communication de M. X... et la discussion y
» relative.

» Le Comité a, en effet, été d'avis d'encourager M. X... à suivre son
» procès, parce qu'il a vu dans cette affaire un argument de plus contre le
» système des types, et une démonstration pratique des vices du régime fiscal
» des sucres ; c'est une arme dont il a voulu se servir, et non un principe
» auquel il ait entendu adhérer.

» Agréez, etc...

» *Signé :* F. GEORGES. »

Dans la discussion sur ce sujet qui a eu lieu dans le sein du Comité
(21e bulletin imprimé, séances des 23 et 24 février 1873, pages 175 et 176) je
vois qu'un second membre du Comité excuse le fabricant parce qu'il avait
prévenu la régie et que ses sucres devaient être exportés. (A ce sujet, je ferai
remarquer que la fraude se trouvait simplement déplacée et s'exerçait au
détriment d'un gouvernement étranger.)

Enfin, dans le même bulletin, je lis (page 176) cette expression textuelle de
l'opinion d'un troisième membre du Comité.

« M... pense qu'un échec qu'éprouverait la *régie*, engagerait sans doute
» l'Administration, plus que n'importe quelle démonstration, à abandonner
» les types. »

Et ce sont les mêmes personnes qui viennent entourer M. Pouyer-Quertier,
lui fournir des documents dans le genre de mon expertise sur la raffinerie
parisienne et lui faire dénoncer au pays les grands abus des fraudes légales
commises par les *potentats* de la raffinerie, qui n'y ont d'ailleurs *aucun
intérêt*, nous le prouverons plus bas !

Ainsi, dès le commencement de 1872, voilà dans quel esprit le Comité, qui
représente une fraction importante des fabricants, comprend l'impulsion qu'il
doit leur donner ! Est-il étonnant que quelques-uns de ceux-ci l'aient suivie,
jusqu'à ce que les mesures prises par l'administration les en ait empêchés ?
D'autant plus qu'en ayant toute l'initiative et tout le profit, ils voyaient en outre
qu'on avait le talent d'en faire tomber la faute sur le raffineur.

Poursuivons.

Voici un quatrième membre du Comité central (1) qui joint l'exemple au
précepte :

Paris, 23 novembre 1872.

« *Monsieur*   , *courtier.*

« . . . . Nous vous dirons que, pour nous, les sucres de M.....
» ne sont pas des 7.9 ; ils ont une apparence cristalline et transparente qui
» ne permet pas de les assimiler au type 7/9, et nous expose aux plus graves
» désagréments avec la régie ; si M........, bien et dûment averti, persiste,
» au moins, nous pourrons dire qu'il a été bien et dûment averti, et sa res-
» ponsabilité s'en accroitra, d'autant plus que cette manière de faire est dans
» son intérêt exclusif, et non dans *le nôtre*, puisque nous lui payons les
» degrés à 1.50, c'est-à-dire à l'acquitté.

» Nous devons vous dire que cela peut amener de sérieux désagréments
» pour ses employés, et, le cas échéant, il ne doit naturellement pas s'attendre
» à nous avoir pour auxiliaires.

» *Signé :* CLERC, URBAIN et Cie. »

---

(1) Je tiens tous les noms et toutes les pièces à la disposition de M. le président
de la Commission des sucres ; on comprendra ma réserve en ce qui concerne les
personnes.

Voici encore, à propos *du même :*

Paris, 26 décembre 1872.

« *Monsieur* , *courtier.*

« Monsieur......... aura été averti, cela nous suffit. De même, pour les
» sucres dont vous nous remettez échantillons; si nous étions la régie, nous
» ne les admettrions pas; mais nous ne la sommes pas.

» *Signé :* CLERC, URBAIN et Cⁱᵉ. »

Inutile de dire que ce quatrième membre du Comité central est parfaitement venu, l'année dernière, appuyer les réclamations des raffineurs anglais
contre les primes exorbitantes de la raffinerie française, et les violentes sorties
contre la raffinerie dont M. Pouyer-Quertier nous a déjà régalés l'an dernier,
à l'occasion des fraudes légales sur les sucres.

Voici deux autres cas particuliers; cette fois-ci, il s'agit de simples fabricants, non membres du Comité.

Premier cas, — le 19 novembre 1872, nous signalons par dépêche à
M.....F.... fabricant à............. que le classement de 200 sacs 7/9
arrivés au Havre est contesté.

Il nous écrit le même jour. « Ce qui arrive au Havre (ce lot était légère-
» ment plus élevé qu'il n'eût du l'être) nous contrarie très-sérieusement au
» point de vue de nos employés, auxquels on reprochera certainement d'avoir
» été trop faciles.

» Pas de procès, s'il vous plaît, *mais de la conciliation partout.*

A quoi nous repondons par dépêche le 20 novembre.

« Vous prévenons carrément que non-seulement vous rendons responsables,
» mais ferons cause commune avec régie dans procès qui sera intenté. »

Enfin le fabricant, pour terminer, nous écrit le 21 novembre :

« Nous nous mettons à votre discrétion pour les 200 sacs sucre au Havre,
» en vous priant d'éviter tout procès ou contestation nouvelle, et nous se-
» rions désolés que nos employés fussent réprimandés à ce sujet; nous savons
» bien que ce lot est au-dessus de 7/9. »

Enfin, nous trouvons une lettre adressée par nous à un chef de service,
la voici :

Paris, le 5 janvier 1872.

*Monsieur le Chef de service des contributions indirectes de la fabrique
de.................. .... à................,........*

« Nous apprenons que vous allez sortir avec l'acquit 7/9, 200 sacs fabri-
» qué..., numéros... Ces sucres qui nous sont destinés, ne nous avaient
» pas parus, par leur apparence, devoir être des sucres 7/9, et leur richesse
» confirme notre appréciation. Il y a lieu, selon nous, de douter au moins,
» et d'en référer à l'Administration centrale, qui décidera la question. Nous
» n'avons pas qualité pour vous y obliger, mais nous devons vous dire que
» si ces sucres, lors de leur arrivée, étaient contestés par l'Administration
» comme 7/9, nous nous réservons de dire et de prouver que nous avions
» donné cet avis au service de la fabrique. »

» *Signé :* CLERC URBAINE.

Maintenant, dans tout ce qui précède, avons-nous raison de voir la preuve
que la raffinerie n'est pour rien dans les *quelques* fraudes *légales* qui ont pu
se faire dans quelques fabriques, et que leurs auteurs même viennent étaler
et amplifier avec ostentation, parce qu'ils ont réussi jusqu'ici à faire prendre
le change ?

Nous pensons que tout lecteur de bonne foi sera édifié sur ce point, et encore plus quand nous lui aurons prouvé que la raffinerie n'a aucun intérêt
ni fraction d'intérêt dans ces manœuvres.

On voit, du reste, que ces cas que je signale sont peu nombreux et peuvent être évités par la double surveillance qui s'exerce à la sortie de la fabrique et à l'arrivée à destination.

2° A la seconde question, qui profite des excédants ? Je réponds encore : c'est
le fabricant, lorsqu'il livre des sucres trop riches.

Comme il s'agit, là, de détruire un des préjugés les plus enracinés, un de
ceux qui font que réellement tout paraît permis quand on parle de la raffinerie

française, et que tout paraît bon, presque sans examen, quand il s'agit de 'a *mâter*, je dois être aussi complet que possible quand aux chiffres, et ma démonstration sera un peu abstraite, comme cela est presque inévitable quant il s'agit d'une vérité *mathématiquement* vraie, mais je mettrai ensuite la situation en relief par une comparaison *très-facile à comprendre*, et j'engage ceux qui cherchent la vérité à me suivre jusqu'au bout.

Rappelons d'abord les usages qui font loi entre l'acheteur et le vendeur. L'unité d'achat adoptée est le sac de 100 kilogrammes, supposé rendre à l'analyse (analyse faite par experts selon règles fixes) 88 0/0 de sucre raffiné *extractible*.

C'est une unité *bête*, en ce sens qu'elle complique, non pas les affaires, mais les *démonstrations*, comme autrefois le sac de farine à 157 kilog., pris comme unité, était une chose assez singulière.

Ce chiffre de 88 prête à des malentendus, de bonne foi ou non, et je ne le conserve dans mes calculs que pour rester rigoureusement dans la réalité des choses.

Remarquons, en passant, qu'un kilogramme de sucre raffiné acquitté vaut 1 fr. 50 c., environ 75 centimes pour le droit, 75 centimes pour le sucre. Nous adopterons ces deux chiffres (dont la quotité rigoureuse est indifférente pour notre thèse) dans les décompositions que nous aurons à faire.

Cela posé, l'unité d'achat, le *mètre* du commerce des sucres est le sac de 100 kilogrammes, renfermant 88 kilogrammes de sucre raffiné extractible, ce qu'on ramène à cette expression plus simple, *titrant* 88; ne pouvant extraire d'avance le sucre, on procède à une analyse basée sur des règles fixes et pratiques, qui indique ce titre; acheteurs et vendeurs, dans toutes leurs affaires, depuis le sucre le plus pauvre, jusqu'au sucre le plus riche, admettent comme assez exacte pour servir de base d'échelonnement la richesse réelle résultant de ce titre.

J'achète donc un lot de sucre base 88.

Je ne m'*inquiète pas de sa richesse*, parce qu'il est entendu, une fois pour toutes, que le sucre, avant qu'on ne me le facture, sera analysé et que chaque degré de titrage au-dessus de 88 me sera ajouté à raison de 1 fr. 50 par sac (prix d'un kilogramme de sucre raffiné *acquitté*, ne l'oublions pas), de même que chaque degré en *dessous* me sera déduit selon la même règle.

Je suis donc indifférent, au moment où j'achète, à la richesse du sucre; elle n'influe pas sur mon prix de base.

C'est comme quand j'achète une provision de ruban à tant le mètre, je ne suis pas lésé ou favorisé selon qu'on m'en donne plus ou moins, pourvu qu'on

21

me le mesure, et le prix que je donne du *mètre* n'est pas influencé parce que la quantité qui me *sera* livrée sera plus ou moins grande.

Mais j'ai une autre élément d'appréciation, c'est le droit que paiera chaque sac de sucre, ou le rendement auquel il sera soumis à l'exportation, ce qui revient, au fond, au même ordre d'idées ; aussi, pour élaguer les complications résultant de notre double législation, je supposerai qu'il n'y a que deux classes les 7/9 et les 10/13 et qu'en somme, les 7/9 paient 5 francs de droit de moins que les 10/13. Il est clair que les *88°* de 7/9, c'est-à-dire l'*unité* vaudra 5 francs de plus que les *88°* de 10/13, c'est-à-dire la même unité ; cela ne veut pas du tout dire que les 7/9 titreront 88 ; cela est vrai, quel que soit le *titrage relatif* des deux classes. Même si tous les sucres 7/9 titrent 80, et tous les sucres 10/13 88 ; les 7/9 *ramenés à 88, achetés base 88*, vaudront 5 francs de plus que les 10/13, de par le moindre droit qu'ils paient ; cette plusvalue *de base* (et non du sucre en lui-même comme a voulu le faire croire M. Pouyer-Quertier) s'applique même aux sucres les plus pauvres, et s'explique comme nous venons de le dire. Il n'en résulte pas du tout que les sucres 7/9 se vendent plus cher que les 10/13 ; si en moyenne, par exemple, ils titrent 80, et les autres 88, ils vaudront 8 fois 1 fr. 50 de moins, soit 12 francs de moins, et si on les paie 5 francs de plus *base 88*, ils vaudront par le fait (12-5) soit 7 francs *de moins* par 1,000 kil.

Cela peut être compliqué à saisir, mais n'en est pas moins mathématiquement vrai ; seulement à la tribune, ces complications sont dangereuses quand elles sont exploitées dans un certain sens.

Maintenant nous allons voir que les 7-9 qui titrent 90 n'ont aucun intérêt pour le raffineur, et ne lui sont pas plus avantageux que ceux qui titrent 80.

Comme nous l'avons déjà dit, les ordres d'achat se donnent *sur base 88*, sans qu'on sache ce qui nous sera livré ; on distingue seulement la classe du sucre ; on donne un prix *de base* pour les 10/13 et un autre pour les 7/9 ; ce prix *de base* est le même pour tous les 7/9, riches ou pauvres, le même jour, et en effet, nous allons voir que, pour le raffineur, la richesse des divers lots de chaque classe lui est absolument indifférente. Il achète, par exemple, le même jour :

100 sacs 7/9, base 88, au fabricant A ;

100 sacs 7/9, base 88, au fabricant B.

Le *lendemain*, on analyse les sucres et on trouve que les 100 sacs de A titrent 80 et que les 100 sacs de B titrent 90.

Voici comment A facturera : par sac.   58   prix base 88.

A déduire 8 degrés à 1 fr. 50 c.   12

                                      46

Le raffineur paiera (par exemple)   60   droit.

                   TOTAL 106

Le raffineur retirera 80 kilog. de sucre acquitté à 1 fr. 50 c., soit   120

Il lui restera.   14   pour frais et bénéfice par sac:

Voici comment B facturera : par sac.   58   prix base 88

A ajouter 2 degrés à 1 fr. 50   3

                                      61

Le raffineur paiera (comme précédemment)   60   pour droits.

                                    121

Le raffineur retirera 90 kilog. de sucre acquitté à 1 fr. 50 c   135

Il lui restera (comme précédemment).   14   pour frais et bénéfice par sac.

On le voit, les résultats sont les mêmes pour le raffineur, mais pas pour *le fabricant* B qui a fait les sucres à 90 degrés; non-seulement le raffineur lui a payé la pleine richesse de son sucre, mais la *base d'achat* a été établie *en faveur* du fabricant B, d'après le *moindre droit* que sa fraude légale ou non a réussi à faire appliquer à son sucre.

Et si l'on veut voir les rôles respectifs, le sucre étant taxé comme droit à 80, alors qu'il rend 90, voici ce qui se passe :

Le raffineur paie à l'État sur le pied de 80 0/0 de droit, mais le fabricant B lui a fait payer 15 francs par sac de plus que le fabricant A, et ces 15 francs se composent : 1o de 10 kilos de sucre à 75 centimes qui lui reviennent légitimement; 2o de 10 kilos de droit à 75 centimes qui devraient revenir à l'État, et qui lui reviennent à lui, fabricant B, et non pas au raffineur.

L'exemple que nous avons pris s'applique à n'importe quelles bases, n'importe quel rendement, n'importe quelle classe ; le chiffre qui reste dans les mains du raffineur pour ses frais et bénéfices sera variable, mais toujours le même pour 2 sucres de *même classe quel que soit leur rendement.*

La plus-value de *la base* d'une classe a certainement pour régulateur la différence du droit, mais elle peut s'en écarter plus ou moins par des raisons purement commerciales ou industrielles, la difficulté de travailler les sucres d'une classe par rapport à ceux d'une autre, le plus ou moins de beauté des produits qu'on peut retirer, le plus ou moins de demande pour l'exportation, etc., mais cette plus-value ne change aucunement, dans les mêmes circonstances commerciales, selon que les sucres sont plus ou moins riches; la cote des 7/9, le même jour, base 88, est absolument *une* sur le même marché.

Voici un exemple très-simple qui montre exactement quelle est la position : Je suppose un vendeur C à Paris qui vend à un acheteur D à Marseille une certaine marchandise à 100 francs les 100 kilos, port compris. Cette marchandise, qui est de troisième classe du tarif, paiera par exemple 10 francs de port. L'acheteur D paiera donc à C 100 francs, moins la lettre de voiture de 10 francs, soit 90 francs.

Mais si le vendeur C, arrière de son acheteur, et sans que celui-ci y contribue, fasse, par *un tour de main*, taxer sa marchandise à la 4e classe du tarif, mettons 5 francs de moins; alors, l'acheteur D lui paiera 100 fr., moins la lettre de voiture de 5 francs, soit 95 francs. L'avantage est tout entier pour l'acheteur, et c'est lui qui commet l'abus et en profite, quoique ce soit l'acheteur qui paie, dans un cas 10 francs et, dans l'autre, 5 francs.

La position est la même pour les achats de sucre, et l'acquit qui, au départ de la fabrique, accom- pagne les sucres et en constate le classement, joue un rôle identique à la lettre de voiture dans le cas précédent.

Je pense avoir fait la lumière complète sur ce point, que je considère comme capital, pour l'honneur de la Raffinerie et aussi pour les mesures que l'Assemblée prendra à son égard.

Je termine en répétant que, pour tous ces abus, fort limités en nombre, la correction analytique s'applique dès à présent avec succès, malgré les opposants, qui *ne sont pas les raffineurs*.

Paris, 2 mars 1874,

J. CLERC.

NOTE sur l'échange des certificats entre un raffineur **A** *travaillant un sucre pauvre, et un raffineur* **B**, *travaillant un sucre riche.*

PREMIER EXEMPLE. — *Pas d'échange.*

A travaille 100 kilogrammes de sucre 7/9 ; il les met en admission temporaire ; en extrait 80 0/0 de sucre raffiné qu'il exporte, et il emploie le certificat à apurer son obligation d'admission.

B travaille 100 kilogrammes de sucre blanc ; il paye 67 fr. 50 de droits, et extrait 97 kilogrammes de sucre raffiné, dont il fait ce qu'il veut (exportation ou consommation).

Résultat pour le Trésor de cette double opération
{
100 kilogrammes de sucre 7/9 + 100 kilogrammes blanc, libérés d'impôt ;
80 kilogrammes de sucre raffiné exporté ;
97 kilogrammes dont la raffinerie a la libre disposition.
67 fr. 50 encaissés par le Trésor.
}

DEUXIÈME EXEMPLE. — *Avec échange.*

A travaille 100 kilogrammes de sucre 7/9 ; il les met en admission temporaire ; en extrait (comme ci-dessus) 80 0/0 de sucre raffiné, dont il fait ce qu'il veut, et achète de **B** 80 kilogrammes de certificats avec lesquels il apure son obligation d'admission.

B travaille 100 kilogrammes de sucre blanc ; il paie 67 fr. 50 de droits, et extrait (comme ci-dessus) 97 kilogrammes de sucre raffiné ; il en exporte 80 kilogrammes, dont il vend le certificat à **A** ; il lui reste 17 kilogrammes de sucre raffiné dont il fait ce qu'il veut.

Résultat pour le Trésor de cette double opération
{
100 kilogrammes de sucre 7/9 + 100 kilogrammes blanc, libérés d'impôt ;
80 kilogrammes de sucre raffiné exporté ;
80 kilogrammes (A)
17 kilogrammes (B)
{ 79 kilogrammes dont la raffinerie a la libre disposition.
67 fr. 50 encaissés par le Trésor.
}

Les deux résultats sont identiques, et le Trésor est complétement désinté-
ressé dans ces échanges ; tout se passe comme si les certificats étaient employés
par ceux qui les créent; ce résultat est indépendant des sucres entre lesquels
se fait l'échange, et des rendéments qu'on leur suppose.

QUELQUES CHIFFRES IMPORTANTS A METTRE EN LUMIÈRE POUR LE CHIFFRE DE
NOS EXPORTATIONS EN SUCRE RAFFINÉ, PRINCIPALEMETT POUR CELLES EFFEC-
TUÉES EN ANGLETERRE (TOUS CES CHIFFRES SONT OFFICIELS)

EXPORTATION RAFFINÉS.		PRODUCTION INDIGÈNE.	
1869	98 millions	1868—1869	230 millions
1873	153 —	1872—1873	430 —
Augmentation : 55 millions.		Augmentation : 200 millions	

Exportation pour l'Angleterre en sucre raffiné français
$\begin{cases} 1869 & 24 \text{ millions} \\ 1873 & 54 \quad — \end{cases}$

Augmentation : 30 millions

Consommation anglaise ....
$\begin{cases} 1869 & 583 \text{ millions} \\ 1873 & 800 \quad — \end{cases}$

Augmentation : 217 millions

Exportation de la Hollande pour l'Angleterre, 8 premiers mois 1873
37.738.000 fr.

(Je n'ai les chiffres que pour cette période.)

Exportation de la France en Angleterre, pour la même période
38.464.000 fr.

Nota. — La France peut importer la matière première , et produit , en
outre, chez elle , 430 millions de sucre brut. — La Hollande est obligée de
tout importer, ayant à peine 25 à 30 fabriques contre la France 517.

IMPRIMERIE CENTRALE DES CHEMINS DE FER. — A. CHAIX ET Cᵉ, RUE BERGÈRE, 20, A PARIS. — 3126-4.